HZ Books

華 章 圖 書

一本打开的书，一扇开启的门，
通向科学殿堂的阶梯，托起一流人才的基石。

Java
异步编程实战

Java Asynchronous Programming In Action

翟陆续 著

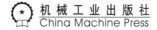

机械工业出版社

China Machine Press

图书在版编目（CIP）数据

Java 异步编程实战 / 翟陆续著 . —北京：机械工业出版社，2020.1

（Java 核心技术系列）

ISBN 978-7-111-64299-2

I. J···　 II. 翟···　 III. JAVA 语言 – 程序设计　 IV. TP312.8

中国版本图书馆 CIP 数据核字（2019）第 267849 号

Java 异步编程实战

出版发行：机械工业出版社（北京市西城区百万庄大街 22 号　邮政编码：100037）

责任编辑：李　艺　　　　　　　　　　　　责任校对：殷　虹

印　　刷：三河市宏图印务有限公司　　　　版　　次：2020 年 1 月第 1 版第 1 次印刷

开　　本：186mm×240mm　1/16　　　　　印　　张：17.75

书　　号：ISBN 978-7-111-64299-2　　　　定　　价：79.00 元

客服电话：(010) 88361066　88379833　68326294　　　投稿热线：(010) 88379604

华章网站：www.hzbook.com　　　　　　　　　　　读者信箱：hzit@hzbook.com

Preface 前　　言

为何写作本书

异步编程是可以让程序并行运行的一种手段，可以让程序中的一个工作单元与主应用程序线程分开独立运行，进而提高应用程序的性能和响应能力等。

虽然 Java 为不同技术域提供了相应的异步编程技术，但是这些异步编程技术被散落到不同技术域的技术文档中，没有一个统一的文档对其进行梳理归纳。另外这些技术之间是什么关系，各自的出现都是为了解决什么问题，我们也很难找到相关资料来解释。

本书的出现则是为了打破这种局面，旨在对 Java 中相关的异步编程技术进行归纳总结，为读者提供一个统一文档来查阅、参考。

本书特色

本书涵盖了 Java 中常见的异步编程场景，包括单 JVM 内的异步编程、跨主机通过网络通信的远程过程调用的异步调用与异步处理，以及 Web 请求的异步处理等。

本书在讲解 Java 中每种异步编程技术时都附有案例，以理论与实践相结合的方式，帮助读者更好地掌握相关内容。

IV

书中在讲解每种异步编程技术时多会对其实现原理进行讲解，让读者知其然也知其所以然。

对于最近比较热门的反应式编程以及 WebFlux 的使用与原理解析，本书也有一定的深入探索。

本书读者对象

本书适用于有一定 Java 编程基础，并对 Java 并发编程、Java 异步编程、反应式编程感兴趣的读者。

如何阅读本书

对于初学者，建议按照本书编写的章节顺序进行学习，因为本书是按照从易到难的顺序编写的，并且每章都有一些代码示例供大家动手实践，以便加深理解。如果你对 Java 并发编程与异步编程有一定的了解，那么可以直接从目录查看感兴趣的章节进行学习。本书共分为 9 章，内容概述如下：

第 1 章主要讲解异步编程的概念和作用，以及在日常开发中都有哪些异步编程场景。

第 2 章讲解最基础的显式使用线程和线程池来实现异步编程的方法，也分析了它们目前存在的缺点。

第 3 章内容比较丰富，主要讲解 JDK 中的各种 Future，包括如何使用 Future 实现异步编程及其内部实现原理，然后讲解了如何结合 JDK8 Stream 和 Future 实现异步编程。

第 4 章讲解 Spring 框架中提供的异步执行能力，包括在 Spring 中如何对 TaskExecutor 进行抽象，如何使用注解 @Async 实现异步编程，以及其内部实现原理。

第 5 章讲解比较热门的反应式编程相关的内容，包括什么是反应式编程，如何使用反应式编程规范的库 RxJava 和 Reactor 实现异步编程。

第 6 章讲解 Web Servlet 的异步非阻塞处理，包括 Servlet 3.0 规范是如何提供异步处理能力的，Servlet 3.1 规范是如何解决 IO 阻塞问题的，以及如何在 Spring MVC 进行异步处理。

第 7 章讲解与 Servlet 技术栈并行存在的、由 Spring5.0 提出的 Spring WebFlux 异步非阻塞处理，包括 Spring WebFlux 的由来、Spring WebFlux 的并发模型、两种编程模型，以及如何使用 Spring WebFlux 来进行服务开发、Spring WebFlux 内部的实现原理。

第 8 章简要介绍了业界为方便实现异步编程而设计的一些框架和中间件，比如异步基于事件驱动的网络编程框架 Netty，高性能 RPC 框架 Apache Dubbo，高性能线程间消息传递库 Disruptor，异步、分布式、基于事件驱动的编程框架 Akka 和高性能分布式消息框架 Apache RocketMQ。

第 9 章介绍新兴的 Go 语言是如何从语言层面提供强大的异步编程能力的。

资源和勘误

有需要的读者可以到 https://github.com/zhailuxu/async-program-demo 下载本书的 demo 资源，由于笔者水平有限，如果你在阅读本书时发现错误，可以把错误信息提交到华章网站（www.hzbook.com）。

致谢

首先要感谢机械工业出版社杨福川老师的团队，他们拥有丰富的出版经验，在本书的命名以及目录结构调整上，给出了很多中肯的建议；其次要感谢我的家人，感谢他们对我的鼓励与支持，让我有充分的时间来写作本书。

目　录 *Contents*

前言

第 1 章　认识异步编程 ··· 1

1.1　异步编程概念与作用 ··· 1

1.2　异步编程场景 ·· 2

1.3　总结 ·· 9

第 2 章　显式使用线程和线程池实现异步编程 ······························ 10

2.1　显式使用线程实现异步编程 ·· 10

2.2　显式使用线程池实现异步编程 ··· 14

2.2.1　如何显式使用线程池实现异步编程 ······························ 14

2.2.2　线程池 ThreadPoolExecutor 原理剖析 ························· 17

2.3　总结 ··· 34

第 3 章　基于 JDK 中的 Future 实现异步编程 ····························· 35

3.1　JDK 中的 Future ·· 35

3.2　JDK 中的 FutureTask ·· 37

3.2.1　FutureTask 概述 ·· 37

3.2.2　FutureTask 的类图结构 ··· 41

3.2.3　FutureTask 的 run() 方法 ·· 45

3.2.4　FutureTask 的 get() 方法 ·· 48

3.2.5　FutureTask 的 cancel(boolean mayInterruptIfRunning) 方法 ······ 50

3.2.6 　FutureTask 的局限性 ··· 52

3.3 　JDK 中的 CompletableFuture ··· 52

3.3.1 　CompletableFuture 概述 ··· 52

3.3.2 　显式设置 CompletableFuture 结果 ·· 54

3.3.3 　基于 CompletableFuture 实现异步计算与结果转换 ·············· 56

3.3.4 　多个 CompletableFuture 进行组合运算 ································· 65

3.3.5 　异常处理 ·· 68

3.3.6 　CompletableFuture 概要原理 ·· 70

3.4 　JDK8 Stream & CompletableFuture ·· 76

3.4.1 　JDK8 Stream ·· 76

3.4.2 　当 Stream 遇见 CompletableFuture ·· 79

3.5 　总结 ··· 81

第 4 章　Spring 框架中的异步执行 ·· 82

4.1 　Spring 中对 TaskExecutor 的抽象 ··· 82

4.2 　如何在 Spring 中使用异步执行 ·· 84

4.2.1 　使用 TaskExecutor 实现异步执行 ··· 84

4.2.2 　使用注解 @Async 实现异步执行 ·· 89

4.3 　@Async 注解异步执行原理 ··· 96

4.4 　总结 ··· 109

第 5 章　基于反应式编程实现异步编程 ··· 110

5.1 　反应式编程概述 ··· 110

5.2 　Reactive Streams 规范 ··· 120

5.3 　基于 RxJava 实现异步编程 ·· 123

5.4 　基于 Reactor 实现异步编程 ·· 133

5.5 　总结 ··· 136

第 6 章　Web Servlet 的异步非阻塞处理 ·· 137

6.1 　Servlet 概述 ·· 137

6.2　Servlet 3.0 提供的异步处理能力 ┄┄┄┄┄┄┄┄┄┄┄┄┄┄┄┄┄┄┄┄┄┄┄┄┄┄ 138

6.3　Servlet 3.1 提供的非阻塞 IO 能力 ┄┄┄┄┄┄┄┄┄┄┄┄┄┄┄┄┄┄┄┄┄┄┄┄ 145

6.4　Spring Web MVC 的异步处理能力 ┄┄┄┄┄┄┄┄┄┄┄┄┄┄┄┄┄┄┄┄┄┄┄┄┄ 153

　　6.4.1　基于 DeferredResult 的异步处理 ┄┄┄┄┄┄┄┄┄┄┄┄┄┄┄┄┄┄┄┄ 154

　　6.4.2　基于 Callable 实现异步处理 ┄┄┄┄┄┄┄┄┄┄┄┄┄┄┄┄┄┄┄┄┄┄┄ 155

6.5　总结 ┄┄ 157

第 7 章　Spring WebFlux 的异步非阻塞处理 ┄┄┄┄┄┄┄┄┄┄┄┄┄┄┄┄┄┄┄┄┄┄ 158

7.1　Spring WebFlux 概述 ┄┄┄┄┄┄┄┄┄┄┄┄┄┄┄┄┄┄┄┄┄┄┄┄┄┄┄┄┄┄┄┄ 158

7.2　Reactive 编程 & Reactor 库 ┄┄┄┄┄┄┄┄┄┄┄┄┄┄┄┄┄┄┄┄┄┄┄┄┄┄┄┄ 159

7.3　WebFlux 服务器 ┄┄┄┄┄┄┄┄┄┄┄┄┄┄┄┄┄┄┄┄┄┄┄┄┄┄┄┄┄┄┄┄┄┄┄┄ 160

7.4　WebFlux 的并发模型 ┄┄┄┄┄┄┄┄┄┄┄┄┄┄┄┄┄┄┄┄┄┄┄┄┄┄┄┄┄┄┄┄ 163

7.5　WebFlux 对性能的影响 ┄┄┄┄┄┄┄┄┄┄┄┄┄┄┄┄┄┄┄┄┄┄┄┄┄┄┄┄┄┄ 164

7.6　WebFlux 的编程模型 ┄┄┄┄┄┄┄┄┄┄┄┄┄┄┄┄┄┄┄┄┄┄┄┄┄┄┄┄┄┄┄┄ 164

　　7.6.1　WebFlux 注解式编程模型 ┄┄┄┄┄┄┄┄┄┄┄┄┄┄┄┄┄┄┄┄┄┄┄┄ 165

　　7.6.2　WebFlux 函数式编程模型 ┄┄┄┄┄┄┄┄┄┄┄┄┄┄┄┄┄┄┄┄┄┄┄┄ 168

7.7　WebFlux 原理浅尝 ┄┄┄┄┄┄┄┄┄┄┄┄┄┄┄┄┄┄┄┄┄┄┄┄┄┄┄┄┄┄┄┄┄ 171

　　7.7.1　Reactor Netty 概述 ┄┄┄┄┄┄┄┄┄┄┄┄┄┄┄┄┄┄┄┄┄┄┄┄┄┄┄ 171

　　7.7.2　WebFlux 服务器启动流程 ┄┄┄┄┄┄┄┄┄┄┄┄┄┄┄┄┄┄┄┄┄┄┄ 173

　　7.7.3　WebFlux 一次服务调用流程 ┄┄┄┄┄┄┄┄┄┄┄┄┄┄┄┄┄┄┄┄┄┄ 182

7.8　WebFlux 的适用场景 ┄┄┄┄┄┄┄┄┄┄┄┄┄┄┄┄┄┄┄┄┄┄┄┄┄┄┄┄┄┄┄┄ 185

7.9　总结 ┄┄ 186

第 8 章　高性能异步编程框架和中间件 ┄┄┄┄┄┄┄┄┄┄┄┄┄┄┄┄┄┄┄┄┄┄┄┄┄┄ 187

8.1　异步、基于事件驱动的网络编程框架——Netty ┄┄┄┄┄┄┄┄┄┄┄┄┄┄┄┄ 187

　　8.1.1　Netty 概述 ┄┄┄┄┄┄┄┄┄┄┄┄┄┄┄┄┄┄┄┄┄┄┄┄┄┄┄┄┄┄┄┄ 187

　　8.1.2　Netty 的线程模型 ┄┄┄┄┄┄┄┄┄┄┄┄┄┄┄┄┄┄┄┄┄┄┄┄┄┄┄┄ 190

　　8.1.3　TCP 半包与粘包问题 ┄┄┄┄┄┄┄┄┄┄┄┄┄┄┄┄┄┄┄┄┄┄┄┄┄┄ 196

　　8.1.4　基于 Netty 与 CompletableFuture 实现 RPC 异步调用 ┄┄┄┄┄┄┄ 198

8.2　高性能 RPC 框架——Apache Dubbo ┄┄┄┄┄┄┄┄┄┄┄┄┄┄┄┄┄┄┄┄┄┄ 209

8.2.1 Apache Dubbo 概述 ·· 209

8.2.2 Dubbo 的异步调用 ·· 210

8.2.3 Dubbo 的异步执行 ·· 214

8.3 高性能线程间消息传递库——Disruptor ·· 217

8.3.1 Disruptor 概述 ·· 217

8.3.2 Disruptor 的特性详解 ·· 220

8.3.3 基于 Disruptor 实现异步编程 ·· 223

8.4 异步、分布式、基于消息驱动的框架——Akka ·· 227

8.4.1 Akka 概述 ·· 227

8.4.2 传统编程模型存在的问题 ·· 228

8.4.3 Actor 模型解决了传统编程模型的问题 ·· 232

8.4.4 基于 Akka 实现异步编程 ·· 237

8.5 高性能分布式消息框架——Apache RocketMQ ·· 244

8.5.1 Apache RocketMQ 概述 ·· 244

8.5.2 基于 Apache RocketMQ 实现系统间异步解耦 ·· 246

8.6 总结 ·· 254

第 9 章 Go 语言的异步编程能力 ·· 255

9.1 Go 语言概述 ·· 255

9.2 Go 语言的线程模型 ·· 256

9.2.1 一对一模型 ·· 256

9.2.2 多对一模型 ·· 257

9.2.3 多对多模型 ·· 258

9.2.4 Go 语言的线程模型 ·· 259

9.3 goroutine 与 channel ·· 261

9.3.1 goroutine ·· 261

9.3.2 channel ·· 265

9.3.3 构建管道实现异步编程 ·· 269

9.4 总结 ·· 273

第1章　　*Chapter 1*

认识异步编程

本章主要介绍异步编程的概念与作用，Java 中异步编程的场景以及不同异步编程场景应使用什么技术来实现。

1.1　异步编程概念与作用

通常 Java 开发人员喜欢使用同步代码编写程序，因为这种请求（request）/ 响应（response）的方式比较简单，并且比较符合编程人员的思维习惯；这种做法很好，直到系统出现性能瓶颈。在使用同步编程方式时，由于每个线程同时只能发起一个请求并同步等待返回，所以为了提高系统性能，此时我们就需要引入更多的线程来实现并行化处理。但是多线程下对共享资源进行访问时，不可避免会引入资源争用和并发问题；另外，操作系统层面对线程的个数是有限制的，不可能通过无限增加线程数来提供系统性能；而且，使用同步阻塞的编程方式还会浪费资源，比如发起网络 IO 请求时，调用线程就会处于同步阻塞等待响应结果的状态，而这时候调用线程明明可以去做其他事情，等网络 IO 响应结果返回后再对结果进行处理。

可见通过增加单机系统线程个数的并行编程方式并不是"灵丹妙药"。通过编写异步、非阻塞的代码，则可以使用相同的底层资源将执行切换到另一个活动任务，然后在异步处理完成后再返回到当前线程继续处理，从而提高系统性能。

异步编程是可以让程序并行运行的一种手段，其可以让程序中的一个工作单元与主应用程序线程分开独立运行，并且在工作单元运行结束后，会通知主应用程序线程它的运行结果或者失败原因。使用异步编程可以提高应用程序的性能和响应能力等。

比如当调用线程使用异步方式发起网络 IO 请求后，调用线程就不会同步阻塞等待响应结果，而是在内存保存请求上下文后，马上返回去做其他事情，等网络 IO 响应结果返回后再使用 IO 线程通知业务线程响应结果已经返回，由业务线程对结果进行处理。可见，异步调用方式提高了线程的利用率，让系统有更多的线程资源来处理更多的请求。

比如在移动应用程序中，在用户操作移动设备屏幕发起请求后，如果是同步等待后台服务器返回结果，则当后台服务操作非常耗时时，就会造成用户看到移动设备屏幕冻结（一直处于请求处理中），在结果返回前，用户不能操作移动设备的其他功能，这对用户体验非常不好。而使用异步编程时，当发起请求后，调用线程会马上返回，具体返回结果会通过 UI 线程异步进行渲染，且在这期间用户可以使用移动设备的其他功能。

1.2 异步编程场景

在日常开发中我们经常会遇到这样的情况，即需要异步地处理一些事情，而不需要知道异步任务的结果。比如在调用线程里面异步打日志，为了不让日志打印阻塞调用线程，会把日志设置为异步方式。如图 1-1 所示的日志异步化打印，使用一个内存队列把日志打印异步化，然后使用单一消费线程异步处理内存队列中的日志事件，执行具体的日志落盘操作（本质是一个多生产单消费模型），在这种情况下，调用线程把日志任务放入队列后会继续执行其他操作，而不再关心日志任务具体是什么时候入盘的。

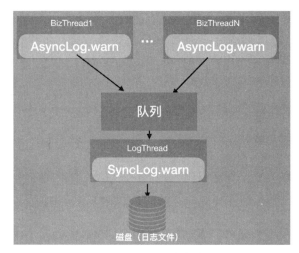

图 1-1 日志异步打印

在 Java 中，每当我们需要执行异步任务时，可以直接开启一个线程来实现，也可以把异步任务封装为任务对象投递到线程池中来执行。在 Spring 框架中提供了 @Async 注解把一个任务异步化来进行处理，具体会在后面章节详细讲解。

有时候我们还需要在主线程等待异步任务的执行结果，这时候 Future 就派上用场了。比如调用线程要等任务 A 执行完毕后再顺序执行任务 B，并且把两者的执行结果拼接起来供前端展示使用，如果调用线程是同步调用两次任务（如图 1-2 所示），则整个过程耗时为执行任务 A 的耗时加上执行任务 B 的耗时。

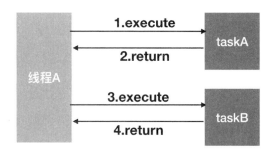

图 1-2 同步调用

如果使用异步编程（如图 1-3 所示），则可以在调用线程内开启一个异步运行单元来执行任务 A，开启异步运行单元后调用线程会马上返回一个 Future 对象（futureB），然后调用线程本身来执行任务 B，等任务 B 执行完毕后，调用线程可以调用 futureB 的 get() 方法获取任务 A 的执行结果，最后再拼接两者的结果。这时由于任务 A 和任务 B 是并行运行的，所以整个过程耗时为 max(调用线程执行任务 B 的耗时，异步运行单元执行任务 A 的耗时)。

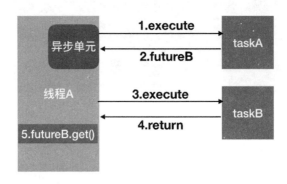

图 1-3 异步调用

可见整个过程耗时显著缩短，对于用户来说，页面响应时间缩短，用户体验会更好，其中异步单元的执行一般是由线程池中的线程执行。

使用 Future 确实可以获取异步任务的执行结果，但是获取其结果还是会阻塞调用线程的，并没有实现完全异步化处理，所以在 JDK8 中提供了 CompletableFuture 来弥补其缺点。CompletableFuture 类允许以非阻塞方式和基于通知的方式处理结果，其通过设置回调函数方式，让主线程彻底解放出来，实现了实际意义上的异步处理。

如图 1-4 所示，使用 CompletableFuture 时，当异步单元返回 futureB 后，调用线程可以在其上调用 whenComplete 方法设置一个回调函数 action，然后调用线程就会马上返回，等异步任务执行完毕后会使用异步线程来执行回调函数 action，而无须调用线程干预。如果你对 CompletableFuture 不了解，没关系，后面章节我们会详细讲解，这里你只需要知道其解决了传统 Future 的缺陷就可以了。

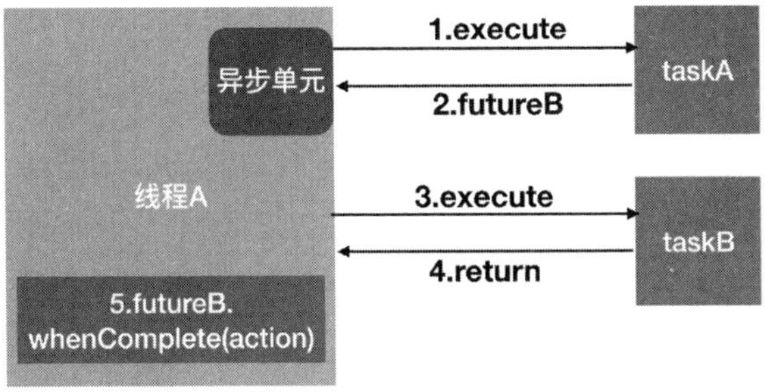

图 1-4　CompletableFuture 异步执行

JDK8 还引入了 Stream，旨在有效地处理数据流（包括原始类型），其使用声明式编程让我们可以写出可读性、可维护性很强的代码，并且结合 CompletableFuture 完美地实现异步编程。但是它产生的流只能使用一次，并且缺少与时间相关的操作（例如 RxJava 中基于时间窗口的缓存元素），虽然可以执行并行计算，但无法指定要使用的线程池。同时，它也没有设计用于处理延迟的操作（例如 RxJava 中的 defer 操作），所以 Reactor、RxJava 等 Reactive API 就是为了解决这些问题而生的。

Reactor、RxJava 等反应式 API 也提供 Java 8 Stream 的运算符，但它们更适用于流序列（不仅仅是集合），并允许定义一个转换操作的管道，该管道将应用于通过它的数据（这要归功于方便的流畅 API 和 Lambda 表达式的使用）。Reactive 旨在处理同步或异步操作，并允许你对元素进行缓冲（buffer）、合并（merge）、连接（join）等各种转换。

上面我们讲解了单 JVM 内的异步编程，那么对于跨网络的交互是否也存在异步编程范畴呢？对于网络请求来说，同步调用是比较直截了当的。比如我们在一个线程 A 中通过 RPC 请求获取服务 B 和服务 C 的数据，然后基于两者的结果做一些事情。在同步调用情况下，线程 A 需要调用服务 B，然后同步等待服务 B 结果返回后，才可以对服务 C 发起调用，等服务 C 结果返回后才可以结合服务 B 和 C 的结果执行其他操作。

如图 1-5 所示，线程 A 同步获取服务 B 的结果后，再同步调用服务 C 获取结果，可见在同步调用情况下业务执行语义比较清晰，线程 A 顺序地对多个服务请求进行调用；但是同步调用意味着当前发起请求的调用线程在远端机器返回结果前必须阻塞等待，这明显很浪费资源。好的做法应该是在发起请求的调用线程发起请求后，注册一个回调函数，然后马上返回去执行其他操作，当远端把结果返回后再使用 IO 线程或框架线程池中的线程执行回调函数。

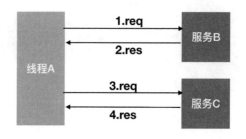

图 1-5　同步 RPC 调用

那么如何实现异步调用？在 Java 中 NIO 的出现让实现上面的功能变得简单，而高性能异步、基于事件驱动的网络编程框架 Netty 的出现让我们从编写繁杂的 Java NIO 程序中解放出来，现在的 RPC 框架，比如 Dubbo 底层网络通信，就是基于 Netty 实现的。Netty 框架将网络编程逻辑与业务逻辑处理分离开来，在内部帮我们自动处理好网络与异步处理逻辑，让我们专心写自己的业务处理逻辑，而 Netty 的异步非阻塞能力与 CompletableFuture 结合则可以轻松地实现网络请求的异步调用。

在执行 RPC（远程过程调用）调用时，使用异步编程可以提高系统的性能。如图 1-6 所示，在异步调用情况下，当线程 A 调用服务 B 后，会马上返回一个异步的 futureB 对象，然后线程 A 可以在 futureB 上设置一个回调函数；接着线程 A 可以继续访问服务 C，也会马上返回一个 futureC 对象，然后线程 A 可以在 futureC 上设置一个回调函数。

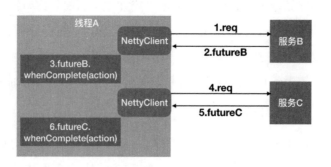

图 1-6　RPC 异步调用

如图 1-6 可知，在异步调用情况下，线程 A 可以并发地调用服务 B 和服务 C，而不再是顺序的。由于服务 B 和服务 C 是并发运行，所以相比同步调用，线程 A 获取到服务 B 和服务 C 结果的时间会缩短很多（同步调用情况下的耗时为服务 B 和服务 C 返回结果耗时的和，异步调用情况下耗时为 max（服务 B 耗时，服务 C 耗时））。另外，这里可以借助 CompletableFuture 的能力等两次 RPC 调用都异步返回结果后再执行其他操作，这时候调用流程如图 1-7 所示。

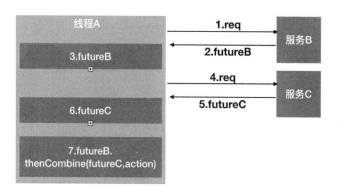

图 1-7　合并 RPC 调用结果

如图 1-7 所示，调用线程 A 首先发起服务 B 的远程调用，会马上返回一个 futureB 对象，然后发起服务 C 的远程调用，也会马上返回一个 futureC 对象，最后调用线程 A 使用代码 futureB.thenCombine(futureC,action) 等 futureB 和 futureC 结果可用时执行回调函数 action。这里我们只是简单概述下基于 Netty 的异步非阻塞能力以及 Completable-Future 的可编排能力，基于这些能力，我们可以实现功能很强大的异步编程能力。在后面章节，我们会以 Dubbo 框架为例讲解其借助 Netty 的非阻塞异步 API 实现服务消费端的异步调用。

其实，有了 CompletableFuture 实现异步编程，我们可以很自然地使用适配器来实现 Reactive 风格的编程。当我们使用 RxJava API 时，只需要使用 Flowable 的一些函数转换 CompletableFuture 为 Flowable 对象即可，这个我们在后面章节也会讲述。

上节讲解了网络请求中 RPC 框架的异步请求，其实还有一类，也就是 Web 请求，在 Web 应用中 Servlet 占有一席之地。在 Servlet3.0 规范前，Servlet 容器对 Servlet 的处理都是每个请求对应一个线程这种 1∶1 的模式进行处理的（如图 1-8 所示），每当收到一个请求，都会开启一个 Servlet 容器内的线程来进行处理，如果 Servlet 内处理比较耗时，则会把 Servlet 容器内线程使用耗尽，然后容器就不能再处理新的请求了。

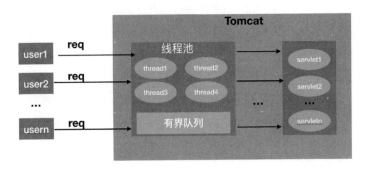

图 1-8　Servlet 的阻塞处理模型

Servlet 3.0 规范中则提供了异步处理的能力，让 Servlet 容器中的线程可以及时释放，具体 Servlet 业务处理逻辑是在业务自己的线程池内来处理；虽然 Servlet 3.0 规范让 Servlet 的执行变为了异步，但是其 IO 还是阻塞式的。IO 阻塞是说在 Servlet 处理请求时，从 ServletInputStream 中读取请求体时是阻塞的，而我们想要的是当数据就绪时直接通知我们去读取就可以了，因为这可以避免占用我们自己的线程来进行阻塞读取，好在 Servlet 3.1 规范提供了非阻塞 IO 来解决这个问题。

虽然 Servlet 技术栈的不断发展实现了异步处理与非阻塞 IO，但是其异步是不彻底的，因为受制于 Servlet 规范本身，比如其规范是同步的（Filter，Servlet）或阻塞的（getParameter，getPart）。所以新的使用少量线程和较少的硬件资源来处理并发的非阻塞 Web 技术栈应运而生——WebFlux，其是与 Servlet 技术栈并行存在的一种新技术，基于 JDK8 函数式编程与 Netty 实现天然的异步、非阻塞处理，这些我们在后面章节会具体介绍。

为了更好地处理异步编程，降低异步编程的成本，一些框架也应运而生，比如高性能线程间消息传递库 Disruptor，其通过为事件（event）预先分配内存、无锁 CAS 算法、缓冲行填充、两阶段协议提交来实现多线程并发地处理不同的元素，从而实现高性能的异步处理。比如 Akka 基于 Actor 模式实现了天然支持分布式的使用消息进行异步处理的服务；比如高性能分布式消息中间件 Apache RocketMetaQ 实现了应用间的异步解耦、流量削峰。

一些新兴的语言对异步处理的支持能力让我们忍不住称赞，Go 语言就是其中之一，其通过语言层面内置的 goroutine 与 channel 可以轻松实现复杂的异步处理能力。

以上就是本书要讨论的内容，根据上述介绍的顺序，书中将内容划分为若干章节，每章则具体展开讨论相应的异步编程技术。

1.3　总结

本章我们首先概要介绍了异步编程的概念与作用，让大家对异步编程有一个大致的了解；然后讲解了 Java 中异步编程的场景，让大家通过实际场景案例进一步了解异步编程是什么，以及不同异步编程场景应使用什么技术来实现。

Chapter 2 | 第 2 章

显式使用线程和线程池实现异步编程

本章主要探讨如何显式地使用线程和线程池实现异步编程，这包含如何显式使用线程实现异步编程以及使用线程编程的缺点，如何显式使用线程池实现异步编程以及线程池实现原理。

2.1　显式使用线程实现异步编程

在 Java 中实现异步编程最简单的方式是：每当有异步任务要执行时，使用 Tread 来创建一个线程来进行异步执行。在讲解如何显式使用 Thread 实现异步编程前，我们先来看下在同步编程模型下，在一个线程中要做两件事情的代码是怎样的：

```
public class SyncExample {

    public static void doSomethingA() {

        try {
            Thread.sleep(2000);
        } catch (InterruptedException e) {
            e.printStackTrace();
        }
        System.out.println("--- doSomethingA---");
```

```
    }

    public static void doSomethingB() {
        try {
            Thread.sleep(2000);
        } catch (InterruptedException e) {
            e.printStackTrace();
        }
        System.out.println("--- doSomethingB---");

    }

    public static void main(String[] args) {

        long start = System.currentTimeMillis();
        // 1.执行任务A
        doSomethingA();

        // 2.执行任务B
        doSomethingB();

        System.out.println(System.currentTimeMillis() - start);

    }
}
```

运行上面代码会启动一个 Java 虚拟机进程，进程内会创建一个用户线程来执行 main 函数（main 线程），main 线程内首先执行了 doSomethingA 方法，然后执行了 doSomethingB 方法，那么整个过程耗时 4s 左右，这是因为两个方法是顺序执行的。

在 Java 中，Java 虚拟机允许应用程序同时运行多个执行线程，所以我们可在 main 函数内开启一个线程来异步执行任务 doSomethingA，而 main 函数所在线程执行 doSomethingB，即可大大缩短整个任务处理耗时。

Java 中有两种方式来显式开启一个线程进行异步处理。第一种方式是实现 java. lang.Runnable 接口的 run 方法，然后传递 Runnable 接口的实现类作为创建 Thread 时的参数，启动线程，对应这种方式的 main 函数代码可以修改为如下所示：

```
    public static void main(String[] args) throws InterruptedException {
        long start = System.currentTimeMillis();
```

```
    // 1.开启异步单元执行任务A
    Thread thread = new Thread(() -> {
        try {
            doSomethingA();

        } catch (Exception e) {
            e.printStackTrace();
        }
    }, "threadA");
    thread.start();

    // 2.执行任务B
    doSomethingB();

    // 3.同步等待线程A运行结束
    thread.join();
    System.out.println(System.currentTimeMillis() - start);
}
```

如上面代码 1，我们在 main 函数所在线程内首先使用 lambda 表达式创建了一个 java.lang.Runnable 接口的匿名实现类，用来异步执行 doSomethingA 任务，然后将其作为 Thread 的参数并启动。这时候线程 A 与 main 线程并发运行，也就是任务 doSomethingA 与任务 doSomethingB 并发运行，代码 3 则等 main 线程运行完 doSomethingB 任务后同步等待线程 A 运行完毕。运行上面代码，这时整个过程耗时大概 2s，可知使用异步编程可以大大缩短任务运行时间。

Java 中第二种开启线程进行异步执行的方式是实现 Thread 类，并重写 run 方法，这种方式的代码如下：

```
public static void main(String[] args) throws InterruptedException {
    long start = System.currentTimeMillis();
    // 1.开启异步单元执行任务A
    Thread thread = new Thread("threadA") {
        @Override
        public void run() {
            try {
                doSomethingA();

            } catch (Exception e) {
                e.printStackTrace();
```

```
            }
        }
    };
    thread.start();

    // 2.执行任务B
    doSomethingB();

    // 3.同步等待线程A运行结束
    thread.join();
    System.out.println(System.currentTimeMillis() - start);
}
```

上面代码 1 创建了 Thread 的匿名类的实现，并重写了 run 方法，然后启动了线程执行。

这里有必要提一下 Java 中线程是有 Deamon 与非 Deamon 之分的，默认情况下我们创建的都是非 Deamon 线程，线程属于什么类型与 JVM 退出条件有一定的关系。在 Java 中，当 JVM 进程内不存在非 Deamon 的线程时 JVM 就退出了。那么如何创建一个 Deamon 线程呢？其实将调用线程的 setDaemon(boolean on) 方法设置为 true 就可以了，更多详细内容可以参考《Java 并发编程之美》这本书。

上面我们介绍了显式使用 Thread 创建异步任务的两种方式，但是上述实现方式存在几个问题：

- 每当执行异步任务时，会直接创建一个 Thread 来执行异步任务，这在生产实践中是不建议使用的，因为线程创建与销毁是有开销的，并且没有限制线程的个数，如果使用不当可能会把系统线程用尽，从而造成错误。在生产环境中一般创建一个线程池，然后使用线程池中的线程来执行异步任务，线程池中的线程是可以被复用的，这可以大大减少线程创建与销毁开销；另外线程池可以有效限制创建的线程个数。

- 上面使用 Thread 执行的异步任务并没有返回值，如果我们想异步执行一个任务，并且需要在任务执行完毕后获取任务执行结果，则上面这个方式是满足不了的，这时候就需要用到 JDK 中的 Future 了。

- 另外，每当需要异步执行时，我们需要显式地创建线程并启动，这是典型的命令式编程方式，增加了编程者的心智负担。我们需要的是声明式的异步编程方式，即告诉程序我们要异步执行，但是具体怎么实现异步应该对我们透明。

针对第 1 个问题我们可以使用线程池来解决；针对第 2 个问题我们可以使用 Future 来解决；针对第 3 个问题，Java 中提供了很多封装良好的类库来解决，在下面章节我们会一一详细介绍。

2.2　显式使用线程池实现异步编程

2.2.1　如何显式使用线程池实现异步编程

在 Java 中我们可以使用线程池来实现线程复用，每当我们需要执行异步任务时，可以把任务投递到线程池里进行异步执行。我们可以修改上节的代码，使用线程池来执行异步任务，修改后代码如下：

```java
// 0自定义线程池
private final static int AVALIABLE_PROCESSORS = Runtime.getRuntime().
availableProcessors();
private final static ThreadPoolExecutor POOL_EXECUTOR = new
ThreadPoolExecutor(AVALIABLE_PROCESSORS,
        AVALIABLE_PROCESSORS * 2, 1, TimeUnit.MINUTES, new
LinkedBlockingQueue<>(5),
        new ThreadPoolExecutor.CallerRunsPolicy());

public static void main(String[] args) throws InterruptedException,
ExecutionException {

    long start = System.currentTimeMillis();

    // 1.开启异步单元执行任务A
    POOL_EXECUTOR.execute(() -> {
        try {
            doSomethingA();

        } catch (Exception e) {
            e.printStackTrace();
        }
    });
```

```
        // 2.执行任务B
        doSomethingB();

        // 3.同步等待线程A运行结束
        System.out.println(System.currentTimeMillis() - start);

        // 4.挂起当前线程
        Thread.currentThread().join();
    }
```

上面代码 0 创建了一个线程池，这里我们设置线程池核心线程个数为当前物理机的
CPU 核数，最大线程个数为当前物理机 CPU 核数的 2 倍；设置线程池阻塞队列的大小
为 5；需要注意的是，我们将线程池的拒绝策略设置为 CallerRunsPolicy，即当线程池
任务饱和，执行拒绝策略时不会丢弃新的任务，而是会使用调用线程来执行；另外我们
使用了命名的线程创建工厂，以便排查问题时可以方便追溯是哪个相关业务。

创建完线程池后，代码 1 则把异步任务提交到了线程池内运行，而不是直接开启一
个新线程来运行；这里使用线程池起到了复用线程的作用，避免了线程的频繁创建与销
毁，另外对线程个数也起到了限制作用。

其实通过上面代码我们可以进一步释放 main 线程的负担，也就是可以把任务
doSomethingB 的执行也提交到线程池内进行异步执行，代码如下：

```
    // 0自定义线程池
    private final static int AVALIABLE_PROCESSORS = Runtime.getRuntime().
availableProcessors();
    private final static ThreadPoolExecutor POOL_EXECUTOR = new
ThreadPoolExecutor(AVALIABLE_PROCESSORS,
            AVALIABLE_PROCESSORS * 2, 1, TimeUnit.MINUTES, new
LinkedBlockingQueue<>(5),
            new ThreadPoolExecutor.CallerRunsPolicy());

    public static void main(String[] args) throws InterruptedException,
ExecutionException {

        long start = System.currentTimeMillis();

        // 1.开启异步单元执行任务A
        POOL_EXECUTOR.execute(() -> {
            try {
```

```
            doSomethingA();

        } catch (Exception e) {
            e.printStackTrace();
        }
    });

    // 2.执行任务B
    POOL_EXECUTOR.execute(() -> {
        try {
            doSomethingB();

        } catch (Exception e) {
            e.printStackTrace();
        }
    });

    // 3.同步等待线程A运行结束
    System.out.println(System.currentTimeMillis() - start);

    // 4.挂起当前线程
    Thread.currentThread().join();
}
```

如上面代码所示，main 函数所在线程只需要把两个任务提交到线程池后就可以做自己的事情了，具体两个任务是由线程池中的线程执行。

上面演示了向线程池内投递异步任务并没有返回值的情况，其实我们可以向线程池投递一个 Callable 类型的异步任务，并且获取其执行结果，代码如下：

```
public class AsyncThreadPoolExample {

    public static String doSomethingA() {

        try {
            Thread.sleep(2000);
        } catch (InterruptedException e) {
            e.printStackTrace();
        }
        System.out.println("--- doSomethingA---");
        return "A Task Done";
    }
```

```
    // 0自定义线程池
    private final static int AVALIABLE_PROCESSORS = Runtime.getRuntime().
availableProcessors();
    private final static ThreadPoolExecutor POOL_EXECUTOR = new
ThreadPoolExecutor(AVALIABLE_PROCESSORS,
            AVALIABLE_PROCESSORS * 2, 1, TimeUnit.MINUTES, new
LinkedBlockingQueue<>(5),
            new NamedThreadFactory("ASYNC-POOL"), new ThreadPoolExecutor.
CallerRunsPolicy());

    public static void main(String[] args) throws InterruptedException,
ExecutionException {

        // 1.开启异步单元执行任务A
        Future<?> resultA = POOL_EXECUTOR.submit(() -> doSomethingA());

        // 2.同步等待执行结果
        System.out.println(resultA.get());
    }
}
```

如上面代码所示，doSomethingA 方法具有 String 类型的返回值，代码 0 创建了一
个线程池，在 main 方法中，代码 1 使用 lambda 表达式将 Callable 类型的任务提交到线
程池，提交后会马上返回一个 Future 对象，代码 2 在 futureA 上调用 get() 方法阻塞等
待异步任务的执行结果。

如上代码确实可以在 main 函数所在线程获取到异步任务的执行结果，但是 main 线
程必须以阻塞的代价来获取结果，在异步任务执行完毕前，main 函数所在线程就不能
做其他事情了，这显然不是我们所需要的，具体怎么解决这个问题，下章我们会具体
讲解。

2.2.2　线程池 ThreadPoolExecutor 原理剖析

1. 概述

线程池作为异步执行的利器，我们有必要讲解下其内部实现，以便让大家对异步编
程有更深入的理解。首先我们看下其类图结构图，如图 2-1 所示。

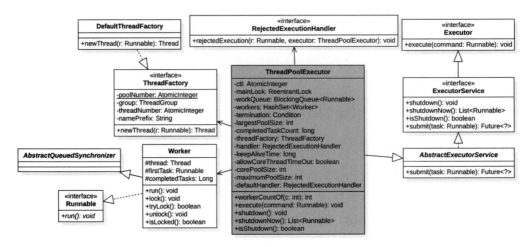

图 2-1　线程池类图结构

如图 2-1 所示，成员变量 ctl 是 Integer 的原子变量，使用一个变量同时记录线程池状态和线程池中线程个数，假设计算机硬件的 Integer 类型是 32 位二进制标示，如下面代码所示，其中高 3 位用来表示线程池状态，后面 29 位用来记录线程池线程个数：

```
//用来标记线程池状态（高3位），线程个数（低29位）
//默认是RUNNING状态，线程个数为0
private final AtomicInteger ctl = new AtomicInteger(ctlOf(RUNNING, 0));

//线程个数掩码位数，并不是所有平台int类型是32位，所以准确说是具体平台下Integer的二进制位
数-3后的剩余位数才是线程的个数
private static final int COUNT_BITS = Integer.SIZE - 3;

//线程最大个数(低29位)00011111111111111111111111111111
private static final int CAPACITY   = (1 << COUNT_BITS) - 1;
```

线程池的主要状态列举如下：

```
//（高3位）：11100000000000000000000000000000
private static final int RUNNING    = -1 << COUNT_BITS;

//（高3位）：00000000000000000000000000000000
private static final int SHUTDOWN   =  0 << COUNT_BITS;

//（高3位）：00100000000000000000000000000000
private static final int STOP       =  1 << COUNT_BITS;
```

```
//（高3位）: 01000000000000000000000000000000
private static final int TIDYING    =  2 << COUNT_BITS;
```

```
//（高3位）: 01100000000000000000000000000000
private static final int TERMINATED =  3 << COUNT_BITS;
```

线程池状态含义：

- RUNNING：接收新任务并且处理阻塞队列里的任务。
- SHUTDOWN：拒绝新任务但是处理阻塞队列里的任务。
- STOP：拒绝新任务并且抛弃阻塞队列里的任务，同时中断正在处理的任务。
- TIDYING：所有任务都执行完（包含阻塞队列里面任务），当前线程池活动线程为 0，将要调用 terminated 方法。
- TERMINATED：终止状态。terminated 方法调用完成以后的状态。

线程池状态之间转换路径：

- RUNNING → SHUTDOWN：当显式调用 shutdown() 方法时，或者隐式调用了 finalize()，它里面调用了 shutdown() 方法时。
- RUNNING 或者 SHUTDOWN → STOP：当显式调用 shutdownNow() 方法时。
- SHUTDOWN → TIDYING：当线程池和任务队列都为空时。
- STOP → TIDYING：当线程池为空时。
- TIDYING → TERMINATED：当 terminated() hook 方法执行完成时。

线程池同时提供了一些方法用来获取线程池的运行状态和线程池中的线程个数，代码如下：

```
// 获取高三位 运行状态
private static int runStateOf(int c)     { return c & ~CAPACITY; }
```

```
//获取低29位 线程个数
private static int workerCountOf(int c)  { return c & CAPACITY; }
```

```
//计算ctl新值，线程状态 与 线程个数
private static int ctlOf(int rs, int wc) { return rs | wc; }
```

另外线程池是可配置的，使用者可以根据自己的需要对线程池的参数进行调整，如

类图中线程池提供了可供使用者配置的参数：

- corePoolSize：线程池核心线程个数。
- workQueue：用于保存等待执行的任务的阻塞队列，比如基于数组的有界 Array-BlockingQueue、基于链表的无界 LinkedBlockingQueue、最多只有一个元素的同步队列 SynchronousQueue、优先级队列 PriorityBlockingQueue 等。
- maximunPoolSize：线程池最大线程数量。
- threadFactory：创建线程的工厂类。
- defaultHandler：饱和策略，当队列满了并且线程个数达到 maximunPoolSize 后采取的策略，比如 AbortPolicy（抛出异常）、CallerRunsPolicy（使用调用者所在线程来运行任务）、DiscardOldestPolicy（调用 poll 丢弃一个任务，执行当前任务）、DiscardPolicy（默默丢弃，不抛出异常）。
- keeyAliveTime：存活时间。如果当前线程池中的线程数量比核心线程数量要多，并且是闲置状态的话，这些闲置的线程能存活的最大时间。

前文图 2-1 中变量 mainLock 是独占锁，用来控制新增 Worker 线程时的原子性，termination 是该锁对应的条件队列，在线程调用 awaitTermination 时用来存放阻塞的线程。

Worker 继承 AQS 和 Runnable 接口，是具体承载任务的对象。Worker 继承了 AQS，实现了简单不可重入独占锁，其中 state=0 标示锁未被获取的状态，state=1 标示锁已经被获取的状态，state = −1 是创建 Worker 时默认的状态。创建时状态设置为 −1 是为了避免该线程在运行 runWorker() 方法前被中断，下面会具体讲解到。其中变量 firstTask 记录该工作线程执行的第一个任务，Thread 是具体执行任务的线程。

DefaultThreadFactory 是线程工厂，newThread 方法是对线程的一个修饰。其中，poolNumber 是个静态的原子变量，用来统计线程工厂的个数，threadNumber 用来记录每个线程工厂创建了多少线程，这两个值也作为线程池和线程的名称的一部分。

ThreadPoolExecutor 提供了一系列构造函数让我们创建线程池，比如：

```
ThreadPoolExecutor(int corePoolSize,//核心线程个数
                   int maximumPoolSize,//最大线程个数
                   long keepAliveTime,//非核心不活跃线程最大存活时间
                   TimeUnit unit,//keepAliveTime的单位
                   BlockingQueue<Runnable> workQueue,//阻塞队列类型
                   ThreadFactory threadFactory,//线程池创建工厂
                   RejectedExecutionHandler handler)//拒绝策略
```

则当我们需要创建自己的线程池时，就可以显式地新建一个该实例出来。

2. 提交任务到线程池原理解析

ThreadPoolExecutor 中提交任务到线程池的方法有下面几种，如表 2-1 所示。

表 2-1　提交任务到线程池的方法

方　法	任务类型	返回值
public void execute(Runnable command)	可以接收 Runnable 类型的任务	void
public Future<?> submit(Runnable task)	可以接收 Runnable 类型的任务	Future<?>,具体内容为 void
public Future submit(Runnable task, T result)	接收 Runnable 类型任务，以及特定参数作为返回值	Future，具体内容为 result
public Future submit(Callable task)	接收 Callable 类型任务	Future，具体内容为任务执行的结果

首先我们看方法 public void execute(Runnable command) 提交任务到线程池的逻辑：

```
public void execute(Runnable command) {

    //(1) 如果任务为null，则抛出NPE异常
    if (command == null)
        throw new NullPointerException();

    //（2）获取当前线程池的状态+线程个数变量的组合值
    int c = ctl.get();

    //（3）当前线程池线程个数是否小于corePoolSize,小于则开启新线程运行
    if (workerCountOf(c) < corePoolSize) {
        if (addWorker(command, true))
            return;
        c = ctl.get();
    }
```

```
//（4）如果线程池处于RUNNING状态，则添加任务到阻塞队列
if (isRunning(c) && workQueue.offer(command)) {

    //（4.1）二次检查
    int recheck = ctl.get();
    //（4.2）如果当前线程池状态不是RUNNING则从队列删除任务，并执行拒绝策略
    if (! isRunning(recheck) && remove(command))
        reject(command);

    //（4.3）如果当前线程池线程为空，则添加一个线程
    else if (workerCountOf(recheck) == 0)
        addWorker(null, false);
}
//（5）如果队列满了，则新增线程，新增失败则执行拒绝策略
else if (!addWorker(command, false))
    reject(command);
}
```

- 代码 3 是指如果当前线程池线程个数小于 corePoolSize，则会在调用方法 addWorker 新增一个核心线程执行该任务。

- 如果当前线程池线程个数大于等于 corePoolSize 则执行代码 4，如果当前线程池处于 RUNNING 状态则添加当前任务到任务队列。这里需要判断线程池状态是因为线程池有可能已经处于非 RUNNING 状态，而非 RUNNING 状态下是抛弃新任务的。

- 如果任务添加任务队列成功，则执行代码 4.2 对线程池状态进行二次校验，这是因为添加任务到任务队列后，执行代码 4.2 前线程池的状态有可能已经变化了，如果当前线程池状态不是 RUNNING 则把任务从任务队列移除，移除后执行拒绝策略；如果二次校验通过，则执行代码 4.3 重新判断当前线程池里面是否还有线程，如果没有则新增一个线程。

- 如果代码 4 添加任务失败，则说明任务队列满了，那么执行代码 5 尝试调用 addWorker 方法新开启线程来执行该任务；如果当前线程池的线程个数大于 maximumPoolSize 则 addWorker 返回 false，执行配置的拒绝策略。

下面我们来看 public Future<?> submit(Runnable task) 方法提交任务的逻辑：

```
public Future<?> submit(Runnable task) {
    // 6 NPE判断
```

```
        if (task == null) throw new NullPointerException();
        // 7 包装任务为 FutureTask
        RunnableFuture<Void> ftask = newTaskFor(task, null);
        // 8 投递到线程池执行
        execute(ftask);
        // 9 返回 ftask
        return ftask;
    }
```

代码 7 调用 newTaskFor 方法对我们提交的 Runnable 类型任务进行包装，包装为 RunnableFuture 类型任务，然后提交 RunnableFuture 任务到线程池后返回 ftask 对象。

下面我们来看 newTaskFor 的代码逻辑：

```
protected <T> RunnableFuture<T> newTaskFor(Runnable runnable, T value) {
    return new FutureTask<T>(runnable, value);
}
```

由代码可知，其内部创建了一个 FutureTask 对象，构造函数如下：

```
    public FutureTask(Runnable runnable, V result) {
        //将 runnable 适配为 Callable 类型任务，并且让 result 作为执行结果
        this.callable = Executors.callable(runnable, result);
        this.state = NEW;          // ensure visibility of callable
    }
```

上述代码中的 FutureTask 会在运行时执行给定的 Runnable，并将在任务 Runnable 执行完成后，把给定的结果 value 通过 FutureTask 的 get 方法返回。

下面我们看 public Future submit(Runnable task, T result) 方法的逻辑，其代码如下：

```
public <T> Future<T> submit(Callable<T> task) {
    if (task == null) throw new NullPointerException();
    RunnableFuture<T> ftask = newTaskFor(task);
    execute(ftask);
    return ftask;
}

protected <T> RunnableFuture<T> newTaskFor(Callable<T> callable) {
    return new FutureTask<T>(callable);
}
```

由上述代码可知，两个参数的 submit 方法类似，不同在于该方法接收的是含有返回值的 Callable 类型的任务，最终也是转换为 FutureTask 后提交到线程池，并返回。

3. 线程池中任务执行原理解析

当用户线程提交任务到线程池后，在线程池没有执行拒绝策略的情况下，用户线程会马上返回，而提交的任务要么直接切换到线程池中的 Worker 线程来执行，要么先放入线程池的阻塞队列里面，稍后再由 Worker 线程来执行。本节我们就看下具体执行异步任务的 Worker 线程是如何工作的。首先我们看下 Worker 的构造函数：

```
Worker(Runnable firstTask) {
    setState(-1); // 在调用runWorker前禁止中断
    this.firstTask = firstTask;
    this.thread = getThreadFactory().newThread(this);//创建一个线程
}
```

在上述代码中，Worker 构造函数内首先设置 Worker 的运行状态 status 为 –1，是为了避免当前 Worker 在调用 runWorker 方法前被中断（当其他线程调用了线程池的 shutdownNow 时，如果 Worker 状态 ≥ 0 则会中断该线程）。在前面的小节中我们讲到 Worker 继承了 AbstractQueuedSynchronizer 类，实现了简单不可重入独占锁，其中 status=0 标示锁未被获取的状态，state=1 标示锁已经被获取的状态，state = –1 是创建 Worker 时默认的状态。然后把传递的任务 firstTask 保存起来，最后使用线程池中指定的线程池工厂创建一个线程作为该 Worker 对象的执行线程。

由于 Worker 本身实现了 Runnable 方法，所以下面我们看其 run 方法内是如何执行任务的：

```
public void run() {
    runWorker(this);//委托给runWorker方法
}
```

runWorker 方法的代码如下：

```
final void runWorker(Worker w) {
    Thread wt = Thread.currentThread();
    Runnable task = w.firstTask;
```

```
w.firstTask = null;
w.unlock(); //(1)status设置为0, 允许中断
boolean completedAbruptly = true;
try {
    //(2)
    while (task != null || (task = getTask()) != null) {

        //(2.1)
        w.lock();
        ...
        try {
            //(2.2)任务执行前干一些事情
            beforeExecute(wt, task);
            Throwable thrown = null;
            try {
                task.run();//(2.3)执行任务
            } catch (RuntimeException x) {
                thrown = x; throw x;
            } catch (Error x) {
                thrown = x; throw x;
            } catch (Throwable x) {
                thrown = x; throw new Error(x);
            } finally {
                //(2.4)任务执行完毕后干一些事情
                afterExecute(task, thrown);
            }
        } finally {
            task = null;
            //(2.5)统计当前Worker完成了多少个任务
            w.completedTasks++;
            w.unlock();
        }
    }
    completedAbruptly = false;
} finally {

    //(3)执行清工作
    processWorkerExit(w, completedAbruptly);
}
}
```

如上代码在运行 runWorker 的代码 1 时会调用 unlock 方法，该方法把 status 变为了
0，所以这时候调用 shutdownNow 会中断 Worker 线程。

如代码 2 所示，如果当前 task==null 或者调用 getTask 从任务队列获取的任务返回 null，则跳转到代码 3 执行清理工作，当前 Worker 也就退出执行了。如果 task 不为 null 则执行代码 2.1 获取工作线程内部持有的独占锁，然后执行扩展接口代码 2.2，代码 2.3 具体执行任务，代码 2.4 在任务执行完毕后做一些事情，代码 2.5 统计当前 Worker 完成了多少个任务，并释放锁。

这里在执行具体任务期间加锁，是为了避免任务运行期间，其他线程调用了 shutdown 方法关闭线程池时中断正在执行任务的线程。

代码 3 执行清理任务，其代码如下：

```
private void processWorkerExit(Worker w, boolean completedAbruptly) {
    ...

    //(3.1)统计整个线程池完成的任务个数,并从工作集里面删除当前woker
    final ReentrantLock mainLock = this.mainLock;
    mainLock.lock();
    try {
        completedTaskCount += w.completedTasks;
        workers.remove(w);
    } finally {
        mainLock.unlock();
    }

    //(3.2)尝试设置线程池状态为TERMINATED，如果当前是shutdonw状态并且工作队列为空
    //或者当前是stop状态且当前线程池里面没有活动线程
    tryTerminate();

    //(3.3)如果当前线程个数小于核心个数，则增加
    int c = ctl.get();
    if (runStateLessThan(c, STOP)) {
        if (!completedAbruptly) {
            int min = allowCoreThreadTimeOut ? 0 : corePoolSize;
            if (min == 0 && ! workQueue.isEmpty())
                min = 1;
            if (workerCountOf(c) >= min)
                return; // replacement not needed
        }
        addWorker(null, false);
    }
}
```

代码 3.1 统计线程池完成任务个数，可知在统计前加了全局锁，把当前工作线程中完成的任务累加到全局计数器，然后从工作集中删除当前 Worker。

代码 3.2 判断如果当前线程池状态是 shutdown 状态并且工作队列为空，或者当前是 stop 状态并且当前线程池里面没有活动线程，则设置线程池状态为 TERMINATED。

代码 3.3 判断当前线程中的线程个数是否小于核心线程个数，如果是则新增一个线程。

4. 关闭线程池原理解析

线程池中有两种模式的线程池关闭方法，如表 2-2 所示。

表 2-2　关闭线程池的方法

方　法	作　用	返回值
public void shutdown()	调用 shutdown 后，线程池就不会再接收新的任务，但是工作队列里面的任务还是要执行的，该方法是立刻返回的，并不同步等待队列任务完成再返回	void
public List shutdownNow()	调用 shutdownNow 后，线程池就不会再接收新的任务，并且会丢弃工作队列里面的任务，正在执行的任务也会被中断，该方法是立刻返回的，并不同步等待激活的任务执行完成再返回	返回值为这时队列里面被丢弃的任务列表

首先我们来看 public void shutdown() 方法的代码逻辑：

```
public void shutdown() {
    final ReentrantLock mainLock = this.mainLock;
    mainLock.lock();
    try {
        //(1)权限检查
        checkShutdownAccess();

        //(2)设置当前线程池状态为SHUTDOWN，如果已经是SHUTDOWN则直接返回
        advanceRunState(SHUTDOWN);

        //(3)设置中断标志
        interruptIdleWorkers();
        onShutdown();
    } finally {
```

```
        mainLock.unlock();
    }
    //(4)尝试状态变为TERMINATED
    tryTerminate();
}
```

代码 1 检查如果设置了安全管理器，则看当前调用 shutdown 命令的线程是否有关闭线程的权限，如果有权限则还要看调用线程是否有中断工作线程的权限，如果没有权限则抛出 SecurityException 或者 NullPointerException 异常。

代码 2 的内容如下，如果当前状态 >=SHUTDOWN 则直接返回，否则设置当前状态为 SHUTDOWN：

```
private void advanceRunState(int targetState) {
    for (;;) {
        int c = ctl.get();
        if (runStateAtLeast(c, targetState) ||
            ctl.compareAndSet(c, ctlOf(targetState, workerCountOf(c))))
            break;
    }
}
```

代码 3 的内容如下，设置所有空闲线程的中断标志，这里首先加了全局锁，同时只有一个线程可以调用 shutdown 设置中断标志。然后尝试获取 Worker 本身的锁，获取成功则设置中断标识，由于正在执行的任务已经获取了锁，所以正在执行的任务没有被中断。这里中断的是阻塞到 getTask() 方法，企图从队列里获取任务的线程，也就是空闲线程。

```
private void interruptIdleWorkers(boolean onlyOne) {
    final ReentrantLock mainLock = this.mainLock;
    mainLock.lock();
    try {
        for (Worker w : workers) {
            Thread t = w.thread;
            //如果工作线程没有被中断，并且没有正在运行则设置中断
            if (!t.isInterrupted() && w.tryLock()) {
                try {
                    t.interrupt();
                } catch (SecurityException ignore) {
```

```
        } finally {
            w.unlock();
        }
    }
    if (onlyOne)
        break;
} finally {
    mainLock.unlock();
}
}
```

代码 4 尝试将线程池的状态变为 TERMINATED，tryTerminate 的代码如下：

```
final void tryTerminate() {
    for (;;) {
        ...
        int c = ctl.get();
        ...

        final ReentrantLock mainLock = this.mainLock;
        mainLock.lock();
        try {//设置当前线程池状态为TIDYING
            if (ctl.compareAndSet(c, ctlOf(TIDYING, 0))) {
                try {
                    terminated();
                } finally {
                    //设置当前线程池状态为TERMINATED
                    ctl.set(ctlOf(TERMINATED, 0));
                    //激活调用条件变量termination的await系列方法被阻塞的所有线程
                    termination.signalAll();
                }
                return;
            }
        } finally {
            mainLock.unlock();
        }
    }
}
```

如上述代码所示，首先使用 CAS 设置当前线程池状态为 TIDYING，如果成功则执行扩展接口 terminated 在线程池状态变为 TERMINATED 前做一些事情，然后设置当前线程池状态为 TERMINATED，最后调用 termination.signalAll() 来激活调用线程池的

awaitTermination 系列方法被阻塞的所有线程。

下面我们来看 public void shutdownNow() 方法的代码逻辑：

```
public List<Runnable> shutdownNow() {

    List<Runnable> tasks;
    final ReentrantLock mainLock = this.mainLock;
    mainLock.lock();
    try {
        checkShutdownAccess();// (5)权限检查
        advanceRunState(STOP);//(6) 设置线程池状态为stop
        interruptWorkers();//(7)中断所有线程
        tasks = drainQueue();//(8)移动队列任务到tasks
    } finally {
        mainLock.unlock();
    }
    //(9)终止状态
    tryTerminate();
    return tasks;
}
```

首先调用代码 5 检查权限，然后调用代码 6 设置当前线程池状态为 STOP，接着执行代码 7 中断所有的工作线程，这里需要注意的是中断所有线程，包含空闲线程和正在执行任务的线程：

```
private void interruptWorkers() {
    final ReentrantLock mainLock = this.mainLock;
    mainLock.lock();
    try {
        for (Worker w : workers)
            w.interruptIfStarted();
    } finally {
        mainLock.unlock();
    }
}
```

然后调用代码 8 将当前任务队列的任务移动到 tasks 列表，代码如下：

```
private List<Runnable> drainQueue() {
    //8.1获取任务队列
    BlockingQueue<Runnable> q = workQueue;
```

```
ArrayList<Runnable> taskList = new ArrayList<Runnable>();
//8.2 从任务队列移除任务到taskList列表
q.drainTo(taskList);
//8.3 如果q还不为空，则说明drainTo接口调用失效，则循环移除
if (!q.isEmpty()) {
    for (Runnable r : q.toArray(new Runnable[0])) {
        if (q.remove(r))
            taskList.add(r);
    }
}
//8.4返回异常的任务列表
return taskList;
}
```

由上述代码可知，调用线程池队列的 drainTo 方法把队列中的任务移除到 taskList 里，如果发现线程池队列还不为空（比如 DelayQueue 或者其他类型的队列 drainTo 可能移除元素失败），则循环移除里面的元素，最后返回移除的任务列表。

5. 线程池的拒绝策略解析

线程池是通过池化少量线程来提供线程复用的，当调用线程向线程池中投递大量任务后，线程池可能就处于饱和状态了。所谓饱和状态是指当前线程池队列已经满了，并且线程池中的线程已经达到了最大线程个数。当线程池处于饱和状态时，再向线程池投递任务，而对于投递的任务如何处理，是由线程池拒绝策略决定的。拒绝策略的执行是在 execute 方法，大家可以返回前面章节查看。

线程池中提供了 RejectedExecutionHandler 接口，用来提供对线程池拒绝策略的抽象，其定义如下：

```
public interface RejectedExecutionHandler {
    void rejectedExecution(Runnable r, ThreadPoolExecutor executor);
}
```

线程池中提供了一系列该接口的实现供我们使用，如表 2-3 所示。

表 2-3　线程池提供的拒绝策略

拒绝策略	策略内容
AbortPolicy	抛弃新增任务，并给调用线程抛出 RejectedExecutionException 异常，这是线程池默认策略
CallerRunsPolicy	使用调用线程执行新提交的任务
DiscardPolicy	默默抛弃新增任务
DiscardOldestPolicy	抛弃线程池队列里面最老的任务，并把新任务添加到线程池进行执行

首先我们看下 AbortPolicy 策略的代码：

```java
public static class AbortPolicy implements RejectedExecutionHandler {
    public AbortPolicy() { }
    /**
     * 抛出 RejectedExecutionException.
     *
     * @param r the runnable task requested to be executed
     * @param e the executor attempting to execute this task
     * @throws RejectedExecutionException always
     */
    public void rejectedExecution(Runnable r, ThreadPoolExecutor e) {
        throw new RejectedExecutionException("Task " + r.toString() +
                                             " rejected from " +
                                             e.toString());
    }
}
```

由上述代码可知，该拒绝策略执行时会直接向调用线程抛出 RejectedExecutionException 异常，并丢失提交的任务 r。

然后我们看下 CallerRunsPolicy 策略的代码：

```java
public static class CallerRunsPolicy implements RejectedExecutionHandler {

    public CallerRunsPolicy() { }

    /**
     * 使用调用线程执行任务 r
     *
     * @param r the runnable task requested to be executed
     * @param e the executor attempting to execute this task
     */
    public void rejectedExecution(Runnable r, ThreadPoolExecutor e) {
        if (!e.isShutdown()) {
```

```
            r.run();
        }
    }
}
```

分析上述代码，该拒绝策略执行时，如果线程池没有被关闭，则会直接使用调用线程执行提交的任务 r，否则默默丢弃该任务。

然后我们看下 DiscardPolicy 策略的代码：

```
public static class DiscardPolicy implements RejectedExecutionHandler {

    public DiscardPolicy() { }

    /**
     * 什么都不做，默默丢弃提交的任务
     *
     * @param r the runnable task requested to be executed
     * @param e the executor attempting to execute this task
     */
    public void rejectedExecution(Runnable r, ThreadPoolExecutor e) {
    }
}
```

该拒绝策略执行时，什么都不做，默默丢弃提交的任务。

最后我们看下 DiscardOldestPolicy 策略的代码：

```
public static class DiscardOldestPolicy implements RejectedExecutionHandler {

    public DiscardOldestPolicy() { }

    /**
     * 丢弃线程池队列里面最老的任务，并把当前任务提交到线程池
     * @param r the runnable task requested to be executed
     * @param e the executor attempting to execute this task
     */
    public void rejectedExecution(Runnable r, ThreadPoolExecutor e) {
        if (!e.isShutdown()) {
            e.getQueue().poll();//移除队首元素
            e.execute(r);//提交任务r到线程池执行
        }
    }
}
```

该拒绝策略首先会丢弃线程池队列里面最老的任务，然后把当前任务 r 提交到线程池。

2.3 总结

本章首先探讨了 Java 中最基础的显式创建线程的方式来实现异步编程，并指出了其存在的三个问题；然后讲解了显式使用线程池来实现异步编程，并且讲解了线程池的实现原理。虽然线程池方式提供了线程复用可以获取任务返回值，但是获取返回值时还是需要阻塞调用线程的，所以我们在下一章会讲解 JDK 提供的 CompletableFuture 来解决这个问题。

第 3 章 Chapter 3

基于 JDK 中的 Future 实现异步编程

本章主要讲解如何使用 JDK 中的 Future 实现异步编程，这包含如何使用 FutureTask 实现异步编程及其内部实现原理；如何使用 CompletableFuture 实现异步编程及其内部实现原理，以及 CompletableFuture 与 JDK Stream 如何完美结合的。

3.1 JDK 中的 Future

在 Java 并发包（JUC 包）中 Future 代表着异步计算结果，Future 中提供了一系列方法用来检查计算结果是否已经完成，也提供了同步等待任务执行完成的方法，还提供了获取计算结果的方法等。当计算结果完成时只能通过提供的 get 系列方法来获取结果，如果使用了不带超时时间的 get 方法，则在计算结果完成前，调用线程会被一直阻塞。另外计算任务是可以使用 cancel 方法来取消的，但是一旦一个任务计算完成，则不能再被取消了。

首先我们看下 Future 接口的类图结构，如图 3-1 所示。

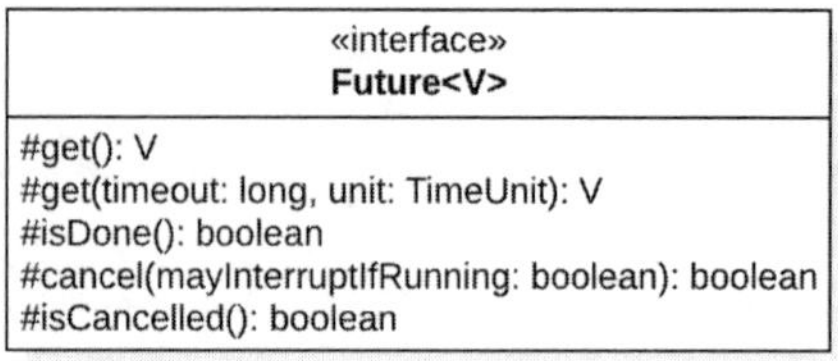

图 3-1　Future 类图

如图 3-1 所示，Future 类共有 5 个接口方法，下面我们来一一讲解：

- V get() throws InterruptedException, ExecutionException：等待异步计算任务完成，并返回结果；如果当前任务计算还没完成则会阻塞调用线程直到任务完成；如果在等待结果的过程中有其他线程取消了该任务，则调用线程抛出 CancellationException 异常；如果在等待结果的过程中有其他线程中断了该线程，则调用线程抛出 InterruptedException 异常；如果任务计算过程中抛出了异常，则调用线程会抛出 ExecutionException 异常。

- V get(long timeout, TimeUnit unit)throws InterruptedException, ExecutionException, TimeoutException：相比 get() 方法多了超时时间，当线程调用了该方法后，在任务结果没有计算出来前调用线程不会一直被阻塞，而是会在等待 timeout 个 unit 单位的时间后抛出 TimeoutException 异常后返回。添加超时时间避免了调用线程死等的情况，让调用线程可以及时释放。

- boolean isDone()：如果计算任务已经完成则返回 true，否则返回 false。需要注意的是，任务完成是指任务正常完成了、由于抛出异常而完成了或者任务被取消了。

- boolean cancel(boolean mayInterruptIfRunning)：尝试取消任务的执行；如果当前任务已经完成或者任务已经被取消了，则尝试取消任务会失败；如果任务还没被执行时调用了取消任务，则任务将永远不会被执行；如果任务已经开始运行了，这时候取消任务，则参数 mayInterruptIfRunning 将决定是否要将正在执行任务的线程中断，如果为 true 则标识要中断，否则标识不中断；当调用取消任务后，再调用 isDone() 方法，后者会返回 true，随后调用 isCancelled() 方法也会一直返回 true；如果任务不能被取消，比如任务完成后已经被取消了，则该方法会返回 false。

- boolean isCancelled()：如果任务在执行完毕前被取消了，则该方法返回 true，否则返回 false。

3.2　JDK 中的 FutureTask

3.2.1　FutureTask 概述

FutureTask 代表了一个可被取消的异步计算任务，该类实现了 Future 接口，比如提供了启动和取消任务、查询任务是否完成、获取计算结果的接口。

FutureTask 任务的结果只有当任务完成后才能获取，并且只能通过 get 系列方法获取，当结果还没出来时，线程调用 get 系列方法会被阻塞。另外，一旦任务被执行完成，任务将不能重启，除非运行时使用了 runAndReset 方法。FutureTask 中的任务可以是 Callable 类型，也可以是 Runnable 类型（因为 FutureTask 实现了 Runnable 接口），FutureTask 类型的任务可以被提交到线程池执行。

我们修改上节的例子如下：

```
public class AsyncFutureExample {

    public static String doSomethingA() {

        try {
            Thread.sleep(2000);
        } catch (InterruptedException e) {
            e.printStackTrace();
        }
        System.out.println("--- doSomethingA---");

        return "TaskAResult";
    }

    public static String doSomethingB() {
        try {
            Thread.sleep(2000);
        } catch (InterruptedException e) {
```

```
            e.printStackTrace();
        }
        System.out.println("--- doSomethingB---");
        return "TaskBResult";

    }

    public static void main(String[] args) throws InterruptedException,
ExecutionException {

        long start = System.currentTimeMillis();

        // 1.创建future任务
        FutureTask<String> futureTask = new FutureTask<String>(() -> {
            String result = null;
            try {
                result = doSomethingA();

            } catch (Exception e) {
                e.printStackTrace();
            }
            return result;
        });

        // 2.开启异步单元执行任务A
        Thread thread = new Thread(futureTask, "threadA");
        thread.start();

        // 3.执行任务B
        String taskBResult = doSomethingB();

        // 4.同步等待线程A运行结束
        String taskAResult = futureTask.get();

        // 5.打印两个任务执行结果
        System.out.println(taskAResult + " " + taskBResult);
        System.out.println(System.currentTimeMillis() - start);

    }
}
```

- 在上述代码中，doSomethingA 和 doSomethingB 方法都是有返回值的任务，main
  函数内代码 1 创建了一个异步任务 futureTask，其内部执行任务 doSomethingA。

- 代码 2 则创建了一个线程，以 futureTask 为执行任务并启动；代码 3 使用 main 线程执行任务 doSomethingB，这时候任务 doSomethingB 和 doSomethingA 是并发运行的，等 main 函数运行 doSomethingB 完毕后，执行代码 4 同步等待 doSomethingA 任务完成，然后代码 5 打印两个任务的执行结果。
- 如上可知使用 FutureTask 可以获取到异步任务的结果。

当然我们也可以把 FutureTask 提交到线程池来执行，使用线程池运行方式的代码如下：

```
// 0自定义线程池
private final static int AVALIABLE_PROCESSORS = Runtime.getRuntime().
availableProcessors();
private final static ThreadPoolExecutor POOL_EXECUTOR = new
ThreadPoolExecutor(AVALIABLE_PROCESSORS,
        AVALIABLE_PROCESSORS * 2, 1, TimeUnit.MINUTES, new
LinkedBlockingQueue<>(5),
        new ThreadPoolExecutor.CallerRunsPolicy());

public static void main(String[] args) throws InterruptedException,
ExecutionException {

    long start = System.currentTimeMillis();

    // 1.创建future任务
    FutureTask<String> futureTask = new FutureTask<String>(() -> {
        String result = null;
        try {
            result = doSomethingA();

        } catch (Exception e) {
            e.printStackTrace();
        }
        return result;
    });

    // 2.开启异步单元执行任务A
    POOL_EXECUTOR.execute(futureTask);

    // 3.执行任务B
    String taskBResult = doSomethingB();
```

```
    // 4.同步等待线程A运行结束
    String taskAResult = futureTask.get();
    // 5.打印两个任务执行结果
    System.out.println(taskAResult + " " + taskBResult);
    System.out.println(System.currentTimeMillis() - start);
}
```

如上可知代码 0 创建了一个线程池，代码 2 添加异步任务到线程池，这里我们是调用了线程池的 execute 方法把 futureTask 提交到线程池的，其实下面代码与上面是等价的：

```
public static void main(String[] args) throws InterruptedException,
ExecutionException {

    long start = System.currentTimeMillis();

    // 1.开启异步单元执行任务A
    Future<String> futureTask = POOL_EXECUTOR.submit(() -> {
        String result = null;
        try {
            result = doSomethingA();

        } catch (Exception e) {
            e.printStackTrace();
        }
        return result;
    });

    // 2.执行任务B
    String taskBResult = doSomethingB();

    // 3.同步等待线程A运行结束
    String taskAResult = futureTask.get();
    // 4.打印两个任务执行结果
    System.out.println(taskAResult + " " + taskBResult);
    System.out.println(System.currentTimeMillis() - start);
}
```

这里代码 1 调用了线程池的 submit 方法提交了一个任务到线程池，然后返回了一个 futureTask 对象。

3.2.2 FutureTask 的类图结构

由于 FutureTask 在异步编程领域还是比较重要的，所以我们有必要探究下其原理，以加深对异步的理解。首先我们来看其类图结构，如图 3-2 所示。

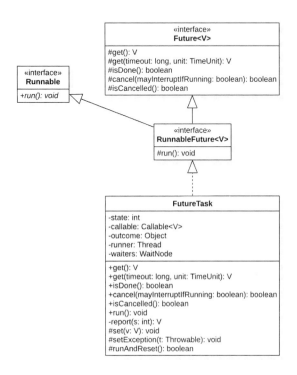

图 3-2　FutureTask 的类图

- 如图 3-2 所示，FutureTask 实现了 Future 接口的所有方法，并且实现了 Runnable 接口，所以其是可执行任务，可以投递到线程池或者线程来执行。
- FutureTask 中变量 state 是一个使用 volatile 关键字修饰（用来解决多线程下内存不可见问题，具体可以参考《Java 并发编程之美》一书）的 int 类型，用来记录任务状态，任务状态枚举值如下：

```
private static final int NEW          = 0;
private static final int COMPLETING   = 1;
private static final int NORMAL       = 2;
private static final int EXCEPTIONAL  = 3;
```

```
private static final int CANCELLED   = 4;
private static final int INTERRUPTING = 5;
private static final int INTERRUPTED  = 6;
```

一开始任务状态会被初始化为 NEW；当通过 set、setException、cancel 函数设置任务结果时，任务会转换为终止状态；在任务完成过程中，任务状态可能会变为 COMPLETING（当结果被使用 set 方法设置时），也可能会经过 INTERRUPTING 状态（当使用 cancel(true) 方法取消任务并中断任务时）。当任务被中断后，任务状态为 INTERRUPTED；当任务被取消后，任务状态为 CANCELLED；当任务正常终止时，任务状态为 NORMAL；当任务执行异常后，任务状态会变为 EXCEPTIONAL。

另外在任务运行过程中，任务可能的状态转换路径如下：

- NEW → COMPLETING → NORMAL：正常终止流程转换。
- NEW → COMPLETING → EXCEPTIONAL：执行过程中发生异常流程转换。
- NEW → CANCELLED：任务还没开始就被取消。
- NEW → INTERRUPTING → INTERRUPTED：任务被中断。

从上述转换可知，任务最终只有四种终态：NORMAL、EXCEPTIONAL、CANCELLED、INTERRUPTED，另外可知任务的状态值是从上到下递增的。

- 类图中 callable 是有返回值的可执行任务，创建 FutureTask 对象时，可以通过构造函数传递该任务。
- 类图中 outcome 是任务运行的结果，可以通过 get 系列方法来获取该结果。另外，outcome 这里没有被修饰为 volatile，是因为变量 state 已经被 volatile 修饰了，这里是借用 volatile 的内存语义来保证写入 outcome 时会把值刷新到主内存，读取时会从主内存读取，从而避免多线程下内存不可见问题（可以参考《Java 并发编程之美》一书）。
- 类图中 runner 变量，记录了运行该任务的线程，这个是在 FutureTask 的 run 方法内使用 CAS 函数设置的。
- 类图中 waiters 变量是一个 WaitNode 节点，是用 Treiber stack 实现的无锁栈，栈顶元素用 waiters 代表。栈用来记录所有等待任务结果的线程节点，其定义为：

```
static final class WaitNode {
    volatile Thread thread;
    volatile WaitNode next;
    WaitNode() { thread = Thread.currentThread(); }
}
```

可知其是一个简单的链表，用来记录所有等待结果被阻塞的线程。

最后我们看下其构造函数：

```
public FutureTask(Callable<V> callable) {
    if (callable == null)
        throw new NullPointerException();
    this.callable = callable;
    this.state = NEW;
}
```

由上述代码可知，构造函数内保存了传递到 callable 任务的 callable 变量，并且将任务状态设置为 NEW，这里由于 state 为 volatile 修饰，所以写入 state 的值可以保证 callable 的写入也会被刷入主内存，以避免多线程下内存不可见问题。

另外还有一个构造函数：

```
public FutureTask(Runnable runnable, V result) {
    this.callable = Executors.callable(runnable, result);
    this.state = NEW;
}
```

该函数传入一个 Runnable 类型的任务，由于该任务是不具有返回值的，所以这里使用 Executors.callable 方法进行适配，适配为 Callable 类型的任务。

"Executors.callable(runnable, result);" 把 Runnable 类型任务转换为 callable：

```
public static <T> Callable<T> callable(Runnable task, T result) {
    if (task == null)
        throw new NullPointerException();
    return new RunnableAdapter<T>(task, result);
}

static final class RunnableAdapter<T> implements Callable<T> {
    final Runnable task;
```

```
        final T result;
        RunnableAdapter(Runnable task, T result) {
            this.task = task;
            this.result = result;
        }
        public T call() {
            task.run();
            return result;
        }
    }
```

如上可知使用了适配器模式来做转换。

另外，FutureTask 中使用了 UNSAFE 机制来操作内存变量：

```
 private static final sun.misc.Unsafe UNSAFE;

    private static final long stateOffset;//state变量的偏移地址
    private static final long runnerOffset;//runner变量的偏移地址
    private static final long waitersOffset;//waiters变量的偏移地址
    static {
        try {
            //获取UNSAFE的实例
            UNSAFE = sun.misc.Unsafe.getUnsafe();
            Class<?> k = FutureTask.class;
            //获取变量state的偏移地址
            stateOffset = UNSAFE.objectFieldOffset
                (k.getDeclaredField("state"));
            //获取变量runner的偏移地址
            runnerOffset = UNSAFE.objectFieldOffset
                (k.getDeclaredField("runner"));
            //获取变量waiters变量的偏移地址
            waitersOffset = UNSAFE.objectFieldOffset
                (k.getDeclaredField("waiters"));
        } catch (Exception e) {
            throw new Error(e);
        }
    }
```

如上代码分别获取了 FutureTask 中几个变量在 FutureTask 对象内的内存地址偏移量，以便实现用 UNSAFE 的 CAS 操作来操作这些变量。

3.2.3　FutureTask 的 run() 方法

该方法是任务的执行体，线程是调用该方法来具体运行任务的，如果任务没有被取消，则该方法会运行任务，并且将结果设置到 outcome 变量中，其代码如下：

```java
public void run() {
    //1.如果任务不是初始化的NEW状态，或者使用CAS设置runner为当前线程失败，则直接返回
    if (state != NEW ||
        !UNSAFE.compareAndSwapObject(this, runnerOffset,
                                null, Thread.currentThread()))
        return;
    //2.如果任务不为null，并且任务状态为NEW，则执行任务
    try {
        Callable<V> c = callable;
        if (c != null && state == NEW) {
            V result;
            boolean ran;
            //2.1执行任务，如果OK则设置ran标记为true
            try {
                result = c.call();
                ran = true;
            } catch (Throwable ex) {
            //2.2执行任务出现异常，则标记false，并且设置异常
                result = null;
                ran = false;
                setException(ex);
            }
            //3.任务执行正常，则设置结果
            if (ran)
                set(result);
        }
    } finally {


        runner = null;
        int s = state;
        //4.为了保证调用cancel(true)的线程在该run方法返回前中断任务执行的线程
        if (s >= INTERRUPTING)
            handlePossibleCancellationInterrupt(s);
    }
}

private void handlePossibleCancellationInterrupt(int s) {
```

```
//为了保证调用cancel在该run方法返回前中断任务执行的线程
//这里使用Thread.yield()让run方法执行线程让出CPU执行权，以便让
//cancel(true)的线程执行cancel(true)中的代码中断任务线程
if (s == INTERRUPTING)
    while (state == INTERRUPTING)
        Thread.yield(); // wait out pending interrupt
}
```

- 代码 1，如果任务不是初始化的 NEW 状态，或者使用 CAS 设置 runner 为当前线程失败，则直接返回；这个可以防止同一个 FutureTask 对象被提交给多个线程来执行，导致 run 方法被多个线程同时执行造成混乱。
- 代码 2，如果任务不为 null，并且任务状态为 NEW，则执行任务，其中代码 2.1 调用 c.call() 具体执行任务，如果任务执行 OK，则调用 set 方法把结果记录到 result, 并设置 ran 为 true；如果执行任务过程中抛出异常则设置 result 为 null，ran 为 false，并且调用 setException 设置异常信息后，任务就处于终止状态，其中 setException 代码如下：

```
protected void setException(Throwable t) {
    //2.2.1
    if (UNSAFE.compareAndSwapInt(this, stateOffset, NEW, COMPLETING)) {
        outcome = t;
        UNSAFE.putOrderedInt(this, stateOffset, EXCEPTIONAL); // final state
        //2.2.1.1
        finishCompletion();
    }
}
```

由上述代码可知，使用 CAS 尝试设置任务状态 state 为 COMPLETING，如果 CAS 成功，则把异常信息设置到 outcome 变量，并且设置任务状态为 EXCEPTIONAL 终止状态，然后调用 finishCompletion，其代码如下：

```
private void finishCompletion() {
    //a遍历链表节点
    for (WaitNode q; (q = waiters) != null;) {
        //a.1 CAS设置当前waiters节点为null
        if (UNSAFE.compareAndSwapObject(this, waitersOffset, q, null)) {
            //a.1.1
            for (;;) {
                //唤醒当前q节点对应的线程
```

```
                        Thread t = q.thread;
                        if (t != null) {
                            q.thread = null;
                            LockSupport.unpark(t);
                        }
                        //获取q的下一个节点
                        WaitNode next = q.next;
                        if (next == null)
                            break;
                        q.next = null; //help gc
                        q = next;
                    }
                    break;
                }
            }
            // b所有阻塞的线程都被唤醒后，调用done方法
            done();

            callable = null;          // callable设置为null
}
```

上述代码比较简单，即当任务已经处于终态后，激活 waiters 链表中所有由于等待获取结果而被阻塞的线程，并从 waiters 链表中移除它们，等所有由于等待该任务结果的线程被唤醒后，调用 done() 方法，done 默认实现为空实现。

上面我们讲了当任务执行过程中出现异常后的处理方法，下面我们看下代码 3，了解当任务是正常执行完毕后 set(result) 的实现：

```
protected void set(V v) {
    //3.1
    if (UNSAFE.compareAndSwapInt(this, stateOffset, NEW, COMPLETING)) {
        outcome = v;
        UNSAFE.putOrderedInt(this, stateOffset, NORMAL); // final state
        finishCompletion();
    }
}
```

如代码 3.1 所示，使用 CAS 尝试设置任务状态 state 为 COMPLETING，如果 CAS 成功，则把任务结果设置到 outcome 变量，并且将任务状态设置为 NORMAL 终止状态，然后调用 finishCompletion 唤醒所有因为等待结果而被阻塞的线程。

3.2.4 FutureTask 的 get() 方法

等待异步计算任务完成，并返回结果；如果当前任务计算还没完成则会阻塞调用线程直到任务完成；如果在等待结果的过程中有其他线程取消了该任务，则调用线程会抛出 CancellationException 异常；如果在等待结果的过程中有线程中断了该线程，则抛出 InterruptedException 异常；如果任务计算过程中抛出了异常，则会抛出 Execution-Exception 异常。

其代码如下：

```
public V get() throws InterruptedException, ExecutionException {
    //1.获取状态，如有需要则等待
    int s = state;
    if (s <= COMPLETING)
        //等待任务终止
        s = awaitDone(false, 0L);
    //2.返回结果
    return report(s);
}
```

- 如代码 1 所示，获取任务的状态，如果任务状态的值小于等于 COMPLETING，则说明任务还没有完成，所以调用 awaitDone 挂起调用线程。
- 代码 2 表示如果任务已经完成，则返回结果。下面我们来看 awaitDone 方法实现：

```
private int awaitDone(boolean timed, long nanos)
    throws InterruptedException {
    //1.1超时时间
    final long deadline = timed ? System.nanoTime() + nanos : 0L;
    WaitNode q = null;
    boolean queued = false;
    //1.2 循环，等待任务完成
    for (;;) {
        //1.2.1任务被中断，则移除等待线程节点，抛出异常
        if (Thread.interrupted()) {
            removeWaiter(q);
            throw new InterruptedException();
        }
        //1.2.2 任务状态>COMPLETING说明任务已经终止
```

```
            int s = state;
            if (s > COMPLETING) {
                if (q != null)
                    q.thread = null;
                return s;
            }
            //1.2.3任务状态为COMPLETING
            else if (s == COMPLETING) // cannot time out yet
                Thread.yield();
            //1.2.4为当前线程创建节点
            else if (q == null)
                q = new WaitNode();
            //1.2.5 添加当前线程节点到链表
            else if (!queued)
                queued = UNSAFE.compareAndSwapObject(this, waitersOffset,
                                            q.next = waiters, q);
            //1.2.6 设置了超时时间
            else if (timed) {
                nanos = deadline - System.nanoTime();
                if (nanos <= 0L) {
                    removeWaiter(q);
                    return state;
                }
                LockSupport.parkNanos(this, nanos);
            }
            //1.2.7没有设置超时时间
            else
                LockSupport.park(this);
        }
}
```

- 代码 1.1 获取设置的超时时间，如果传递的 timed 为 false 说明没有设置超时时间，则 deadline 设置为 0。

- 代码 1.2 无限循环等待任务完成，其中代码 1.2.1 表示如果发现当前线程被中断，则从等待链表中移除当前线程对应的节点（如果队列里面有该节点的话），然后抛出 InterruptedException 异常；代码 1.2.2 表示如果发现当前任务状态大于 COMPLETING，说明任务已经进入了终态（可能是 NORMAL、EXCEPTIONAL、CANCELLED、INTERRUPTED 中的一种），则把执行任务的线程的引用设置为 null，并且返回结果。

- 代码 1.2.3 表示如果当前任务状态为 COMPLETING，说明任务已经接近完成了，只有结果还未设置到 outCome 中，则这时让当前线程放弃 CPU 执行，意在让任务执行线程获取到 CPU 从而将任务状态从 COMPLETING 转换到终态 NORMAL，这样可以避免当前调用 get 系列方法的线程被挂起，然后再被唤醒的开销。

- 代码 1.2.4 表示如果当前 q 为 null，则创建一个与当前线程相关的节点，代码 1.2.5 表示如果当前线程对应节点还没放入 waiters 管理的等待列表，则使用 CAS 操作放入。
- 代码 1.2.6 表示如果设置了超时时间则使用 LockSupport.parkNanos(this, nanos) 让当前线程挂起 deadline 时间，否则会调用 "LockSupport.park(this);" 让线程一直挂起直到其他线程调用了 unpark 方法，并且以当前线程为参数（比如 finishCompletion() 方法）。

另外，带超时参数的 V get(long timeout, TimeUnit unit) 方法与 get() 方法类似，只是添加了超时时间，这里不再赘述。

3.2.5 FutureTask 的 cancel(boolean mayInterruptIfRunning) 方法

尝试取消任务的执行，如果当前任务已经完成或者任务已经被取消了，则尝试取消任务会失败；如果任务还没被执行时调用了取消任务，则任务将永远不会被执行；如果任务已经开始运行了，这时取消任务，则由参数 mayInterruptIfRunning 决定是否要将正在执行任务的线程中断，如果为 true 则标识要中断，否则标识不中断。

当调用取消任务后，再调用 isDone() 方法，后者会返回 true，随后调用 isCancelled() 方法也会一直返回 true；如果任务不能被取消，比如任务已经完成了，任务已经被取消了，则该方法会返回 false。

cancel 方法的代码如下：

```
public boolean cancel(boolean mayInterruptIfRunning) {
    //1.如果任务状态为New则使用CAS设置任务状态为INTERRUPTING或者CANCELLED
    if (!(state == NEW &&
        UNSAFE.compareAndSwapInt(this, stateOffset, NEW,
```

```
            mayInterruptIfRunning ? INTERRUPTING : CANCELLED)))
        return false;
    //2.如果设置了中断正常执行任务线程, 则中断
    try {
        if (mayInterruptIfRunning) {
            try {
                Thread t = runner;
                if (t != null)
                    t.interrupt();
            } finally { // final state
                UNSAFE.putOrderedInt(this, stateOffset, INTERRUPTED);
            }
        }
    } finally {
        //3.移除并激活所有因为等待结果而被阻塞的线程
        finishCompletion();
    }
    return true;
}
```

- 如代码 1 所示, 如果任务状态为 New 则使用 CAS 设置任务状态为 INTERRUPTING 或者 CANCELLED, 如果 mayInterruptIfRunning 设置为 true, 说明要中断正在执行任务的线程, 则使用 CAS 设置任务状态为 INTERRUPTING, 否则设置为 CANCELLED; 如果 CAS 失败则直接返回 false。

- 如果 CAS 成功, 则说明当前任务状态已经为 INTERRUPTING 或者 CANCELLED, 如果 mayInterruptIfRunning 为 true 则中断执行任务的线程, 然后设置任务状态为 INTERRUPTED。

- 最后代码 3 移除并激活所有因为等待结果而被阻塞的线程。

另外, 我们可以使用 isCancelled() 方法判断一个任务是否被取消了, 使用 isDone() 方法判断一个任务是否处于终态。

总结: 当我们创建一个 FutureTask 时, 其任务状态初始化为 NEW, 当我们把任务提交到线程或者线程池后, 会有一个线程来执行该 FutureTask 任务, 具体是调用其 run 方法来执行任务。在任务执行过程中, 我们可以在其他线程调用 FutureTask 的 get() 方法来等待获取结果, 如果当前任务还在执行, 则调用 get 的线程会被阻塞然后放入 FutureTask 内的阻塞链表队列; 多个线程可以同时调用 get 方法, 这些线程可能都会被

阻塞并放到阻塞链表队列中。当任务执行完毕后会把结果或者异常信息设置到 outcome 变量，然后会移除和唤醒 FutureTask 内阻塞链表队列中的线程节点，进而这些由于调用 FutureTask 的 get 方法而被阻塞的线程就会被激活。

3.2.6　FutureTask 的局限性

FutureTask 虽然提供了用来检查任务是否执行完成、等待任务执行结果、获取任务执行结果的方法，但是这些特色并不足以让我们写出简洁的并发代码，比如它并不能清楚地表达多个 FutureTask 之间的关系。另外，为了从 Future 获取结果，我们必须调用 get() 方法，而该方法还是会在任务执行完毕前阻塞调用线程，这明显不是我们想要的。

我们真正想要的是：

* 可以将两个或者多个异步计算结合在一起变成一个，这包含两个或者多个异步计算是相互独立的情况，也包含第二个异步计算依赖第一个异步计算结果的情况。
* 对反应式编程的支持，也就是当任务计算完成后能进行通知，并且可以以计算结果作为一个行为动作的参数进行下一步计算，而不是仅仅提供调用线程以阻塞的方式获取计算结果。
* 可以通过编程的方式手动设置（代码的方式）Future 的结果；FutureTask 不能实现让用户通过函数来设置其计算结果，而是在其任务内部来进行设置。
* 可以等多个 Future 对应的计算结果都出来后做一些事情。

为了克服 FutureTask 的局限性，以及满足我们对异步编程的需要，JDK8 中提供了 CompletableFuture。

3.3　JDK 中的 CompletableFuture

3.3.1　CompletableFuture 概述

CompletableFuture 是一个可以通过编程方式显式地设置计算结果和状态以便让

任务结束的 Future, 并且其可以作为一个 CompletionStage（计算阶段），当它的计算完成时可以触发一个函数或者行为；当多个线程企图调用同一个 CompletableFuture 的 complete、cancel 方式时只有一个线程会成功。

CompletableFuture 除了含有可以直接操作任务状态和结果的方法外，还实现了 CompletionStage 接口的一些方法，这些方法遵循：

- 当 CompletableFuture 任务完成后，同步使用任务执行线程来执行依赖任务结果的函数或者行为。
- 所有异步的方法在没有显式指定 Executor 参数的情形下都是复用 ForkJoinPool. commonPool() 线程池来执行。
- 所有 CompletionStage 方法的实现都是相互独立的，以便一个方法的行为不会因为重载了其他方法而受影响。

一个 CompletableFuture 任务可能有一些依赖其计算结果的行为方法，这些行为方法被收集到一个无锁基于 CAS 操作来链接起来的链表组成的栈中；当 Completable-Future 的计算任务完成后，会自动弹出栈中的行为方法并执行。需要注意的是，由于是栈结构，在同一个 CompletableFuture 对象上行为注册的顺序与行为执行的顺序是相反的。

由于默认情况下支撑 CompletableFuture 异步运行的是 ForkJoinPool，所以这里我们有必要简单讲解下 ForkJoinPool。ForkJoinPool 本身也是一种 ExecutorService，与其他 ExecutorService（比如 ThreadPoolExecutor）相比，不同点是它使用了工作窃取算法来提高性能，其内部每个工作线程都关联自己的内存队列，正常情况下每个线程从自己队列里面获取任务并执行，当本身队列没有任务时，当前线程会去其他线程关联的队列里面获取任务来执行。这在很多任务会产生子任务或者有很多小的任务被提交到线程池来执行的情况下非常高效。

ForkJoinPool 中有一个静态的线程池 commonPool 可用且适用大多数情况。commonPool 会被任何未显式提交到指定线程池的 ForkJoinTask 执行使用。使用 commonPool 通常会减少资源使用（其线程数量会在不活跃时缓慢回收，并在任务数比较多的时候按需增加）。默认情况下，commonPool 的参数可以通过 system properties 中的三个参数来控制：

- java.util.concurrent.ForkJoinPool.common.parallelism：并行度级别，非负整数。
- java.util.concurrent.ForkJoinPool.common.threadFactory：ForkJoinWorker ThreadFactory 的类名。
- java.util.concurrent.ForkJoinPool.common.exceptionHandler：Uncaught ExceptionHandler 的类名。

对于需要根据不同业务对线程池进行隔离或者定制的情况，可以使用 ForkJoinPool 的构造函数显式设置线程个数，默认情况下线程个数等于当前机器上可用的 CPU 个数。

ForkJoinPool 中提供了任务执行、任务生命周期控制的方法，还提供了任务状态监测的方法，比如 getStealCount 可以帮助调整和监控 fork / join 应用程序。另外，toSring 方法会非常方便地返回当前线程池的状态（运行状态、线程池线程个数、激活线程个数、队列中任务个数）。

另外，当线程池关闭或者内部资源被耗尽（比如当某个队列大小大于 67108864 时），再向线程池提交任务会抛出 RejectedExecutionException 异常。

3.3.2 显式设置 CompletableFuture 结果

CompletableFuture 是一种可以通过编程显式设置结果的 future，下面我们通过一个例子来演示下：

```
public class TestCompletableFutureSet {
    // 0自定义线程池
    private final static int AVALIABLE_PROCESSORS = Runtime.getRuntime().
availableProcessors();
    private final static ThreadPoolExecutor POOL_EXECUTOR = new
ThreadPoolExecutor(AVALIABLE_PROCESSORS,
            AVALIABLE_PROCESSORS * 2, 1, TimeUnit.MINUTES, new
LinkedBlockingQueue<>(5),
            new ThreadPoolExecutor.CallerRunsPolicy());

    public static void main(String[] args) throws InterruptedException,
```

```
ExecutionException, TimeoutException {

        // 1.创建一个CompletableFuture对象
        CompletableFuture<String> future = new CompletableFuture<String>();

        // 2.开启线程计算任务结果，并设置
        POOL_EXECUTOR.execute(() -> {

            // 2.1休眠3s，模拟任务计算
            try {
                Thread.sleep(3000);
            } catch (InterruptedException e) {
                // TODO Auto-generated catch block
                e.printStackTrace();
            }
            // 2.2设置计算结果到future
            System.out.println("----" + Thread.currentThread().getName() + "
set future result----");
            future.complete("hello,jiaduo");

        });

        // 3.等待计算结果
        System.out.println("---main thread wait future result---");
        System.out.println(future.get());
        // System.out.println(future.get(1000,TimeUnit.MILLISECONDS));
        System.out.println("---main thread got future result---");
    }
}
```

- 由上述代码可知，代码 0 创建了一个线程池，代码 1 创建了一个 CompletableFuture 对象，代码 2 将提交任务到异步线程池中执行。

- 代码 3 调用 future 的 get() 方法企图获取 future 的结果，如果 future 的结果没有被设置，则调用线程会被阻塞。

- 在代码 2 创建的任务内，代码 2.1 表示休眠 3s，模拟异步任务的执行，代码 2.2 则表示在休眠 3s 后，调用 future 的 complete 方法设置 future 的结果，设置完结果后，所有由于调用 future 的 get() 方法而被阻塞的线程会被激活，并返回设置的结果。

如上所述，这里使用 CompletableFuture 实现了通知等待模型，主线程调用 future

的 get() 方法等待 future 返回结果，一开始由于 future 结果没有设置，所以主线程被阻
塞挂起，等异步任务休眠 3s，然后调用 future 的 complete 方法模拟主线程等待的条件
完成，这时候主线程就会从 get() 方法返回。

3.3.3　基于 CompletableFuture 实现异步计算与结果转换

1）基于 runAsync 系列方法实现无返回值的异步计算：当你想异步执行一个任
务，并且不需要任务的执行结果时可以使用该方法，比如异步打日志，异步做消息通
知等：

```
public static void runAsync() throws InterruptedException, ExecutionException {
    // 1.1创建异步任务，并返回future
    CompletableFuture future = CompletableFuture.runAsync(new Runnable() {

        @Override
        public void run() {
            // 1.1.1休眠2s模拟任务计算
            try {
                Thread.sleep(2000);
            } catch (InterruptedException e) {
                e.printStackTrace();
            }
            System.out.println("over");
        }
    });

    // 1.2 同步等待异步任务执行结束
    System.out.println(future.get());
}
```

代码 1.1 创建了一个异步任务，并马上返回一个 future 对象，其创建了一个异步任
务执行，任务内首先休眠 2s，然后打印了一行日志。

代码 1.2 则调用返回的 future 的 get() 方法企图等待 future 任务执行完毕，由于
runAsync 方法不会有返回值，所以当任务执行完毕后，设置 future 的结果为 null，即代
码 1.2 等任务执行完毕后返回 null。

需要注意的是，在默认情况下，runAsync(Runnable runnable) 方法是使用整个 JVM 内唯一的 ForkJoinPool.commonPool() 线程池来执行异步任务的，使用 runAsync (Runnable runnable,Executor executor) 方法允许我们使用自己制定的线程池来执行异步任务。我们创建了一个自己的线程池 bizPoolExecutor，在调用 runAsync 方法提交异步任务时，把其作为第二参数进行传递，则异步任务执行时会使用 bizPoolExecutor 中的线程执行，具体代码如下所示。

```
// 0.创建线程池
private static final ThreadPoolExecutor bizPoolExecutor = new
ThreadPoolExecutor(8, 8, 1, TimeUnit.MINUTES,
        new LinkedBlockingQueue<>(10));

//没有返回值的异步执行,异步任务由业务自己的线程池执行
public static void runAsyncWithBizExecutor() throws InterruptedException,
ExecutionException {
    // 1.1创建异步任务，并返回future
    CompletableFuture future = CompletableFuture.runAsync(new Runnable() {

        @Override
        public void run() {
            // 1.1.1休眠2s模拟任务计算
            try {
                Thread.sleep(2000);
            } catch (InterruptedException e) {
                e.printStackTrace();
            }
            System.out.println("over");
        }
    }, bizPoolExecutor);

    // 1.2 同步等待异步任务执行结束
    System.out.println(future.get());
}
```

2）基于 supplyAsync 系列方法实现有返回值的异步计算：当你想异步执行一个任务，并且需要任务的执行结果时可以使用该方法，比如异步对原始数据进行加工，并需要获取到被加工后的结果等。

```
// 2. 有返回值的异步执行
public static void supplyAsync() throws InterruptedException,
```

```
ExecutionException {
    // 2.1创建异步任务，并返回future
    CompletableFuture future = CompletableFuture.supplyAsync(new
Supplier<String>() {
        @Override
        public String get() {
            // 2.1.1休眠2s模拟任务计算
            try {
                Thread.sleep(2000);
            } catch (InterruptedException e) {
                // TODO Auto-generated catch block
                e.printStackTrace();
            }
            // 2.1.2 返回异步计算结果
            return "hello,jiaduo";
        }
    });

    // 2.2 同步等待异步任务执行结束
    System.out.println(future.get());
}
```

代码 2.1 使用 supplyAsync 开启了一个异步任务，执行后马上返回一个 future 对象；异步任务内线程休眠 2s，然后返回了一个字符串结果，这个结果会被设置到 future 内部。

代码 2.2 则使用 future 的 get() 方法获取结果，一开始 future 结果并没有被设置，所以调用线程会被阻塞；等异步任务把结果设置到 future 后，调用线程就会从 get() 处返回异步任务执行的结果。

需要注意的是，在默认情况下，supplyAsync(Supplier<U> supplier) 方法是使用整个 JVM 内唯一的 ForkJoinPool.commonPool() 线程池来执行异步任务的，使用 supply-Async(Supplier<U> supplier,Executor executor) 方法允许我们使用自己制定的线程池来执行异步任务，代码如下：

```
// 0.创建线程池
private static final ThreadPoolExecutor bizPoolExecutor = new
ThreadPoolExecutor(8, 8, 1, TimeUnit.MINUTES,
        new LinkedBlockingQueue<>(10));
```

```
// 2. 有返回值的异步执行
public static void supplyAsyncWithBizExecutor() throws InterruptedException,
ExecutionException {
    // 2.1创建异步任务，并返回future
    CompletableFuture future = CompletableFuture.supplyAsync(new
Supplier<String>() {
        @Override
        public String get() {
            // 2.1.1休眠2s模拟任务计算
            try {
                Thread.sleep(2000);
            } catch (InterruptedException e) {
                // TODO Auto-generated catch block
                e.printStackTrace();
            }
            // 2.1.2 返回异步计算结果
            return "hello,jiaduo";
        }
    }, bizPoolExecutor);

    // 2.2 同步等待异步任务执行结束
    System.out.println(future.get());
}
```

3）基于 thenRun 实现异步任务 A，执行完毕后，激活异步任务 B 执行，需要注意的是，这种方式激活的异步任务 B 是拿不到任务 A 的执行结果的：

```
// I thenRun不能访问oneFuture的结果
    public static void thenRun() throws InterruptedException,
ExecutionException {
        // 1.创建异步任务，并返回future
        CompletableFuture<String> oneFuture = CompletableFuture.
supplyAsync(new Supplier<String>() {

            @Override
            public String get() {
                // 1.1休眠2s，模拟任务计算
                try {
                    Thread.sleep(2000);
                } catch (InterruptedException e) {
                    e.printStackTrace();
                }
                // 1.2返回计算结果
                return "hello";
```

```
            }
        });
        // 2.在 future 上施加事件, 当 future 计算完成后回调该事件, 并返回新 future
        CompletableFuture twoFuture = oneFuture.thenRun(new Runnable() {

            @Override
            public void run() {
                // 2.1.1当oneFuture任务计算完成后做一件事情
                try {
                    Thread.sleep(1000);
                } catch (Exception e) {
                    e.printStackTrace();
                }
                System.out.println(Thread.currentThread().getName());
                System.out.println("---after oneFuture over doSomething---");
            }
        });

        // 3.同步等待twoFuture对应的任务完成, 返回结果固定为null
        System.out.println(twoFuture.get());

    }
```

由上述代码可知, 代码 1 创建异步任务, 并返回 oneFuture 对象, 代码 2 在 oneFuture 上调用 thenRun 方法添加异步执行事件, 当 oneFuture 计算完成后回调该事件, 并返回 twoFuture, 另外, 在 twoFuture 上调用 get() 方法也会返回 null, 因为回调事件是没有返回值的。

默认情况下 oneFuture 对应的异步任务和在 oneFuture 上添加的回调事件都是使用 ForkJoinPool.commonPool() 中的同一个线程来执行的, 大家可以使用 thenRunAsync (Runnable action,Executor executor) 来指定设置的回调事件使用自定义线程池线程来执行, 也就是 oneFuture 对应的任务与在其上设置的回调执行将不会在同一个线程中执行。

4) 基于 thenAccept 实现异步任务 A, 执行完毕后, 激活异步任务 B 执行, 需要注意的是, 这种方式激活的异步任务 B 是可以拿到任务 A 的执行结果的:

```
public static void thenAccept() throws InterruptedException,
ExecutionException {
    // 1.创建异步任务, 并返回future
```

```
        CompletableFuture<String> oneFuture = CompletableFuture.supplyAsync(new
Supplier<String>() {

            @Override
            public String get() {

                // 1.1休眠2s，模拟任务计算
                try {
                    Thread.sleep(2000);
                } catch (InterruptedException e) {
                    e.printStackTrace();
                }

                // 1.2返回计算结果
                return "hello";
            }
        });
        // 2.在future上施加事件，当future计算完成后回调该事件，并返回新future
        CompletableFuture twoFuture = oneFuture.thenAccept(new Consumer<String>()
{

            @Override
            public void accept(String t) {
                // 2.1.1对oneFuture返回的结果进行加工
                try {
                    Thread.sleep(1000);
                } catch (Exception e) {
                    e.printStackTrace();
                }

                System.out.println("---after oneFuture over doSomething---" + t);
            }
        });

        // 3.同步等待twoFuture对应的任务完成，返回结果固定为null
        System.out.println(twoFuture.get());
    }
```

在上述代码中，代码 1 创建异步任务，并返回 oneFuture，代码 2 在 oneFuture 上调用 thenAccept 添加了一个任务，这个任务会在 oneFuture 对应的任务执行完毕后被激活执行。需要注意的是，这里可以在回调的方法 accept(String t) 的参数 t 中来获取

oneFuture 对应的任务结果，另外需要注意的是，由于 accept(String t) 方法没有返回值，所以在 twoFuture 上调用 get() 方法最终也会返回 null。

在默认情况下，oneFuture 对应的异步任务和在 oneFuture 上添加的回调事件都是使用 ForkJoinPool.commonPool() 中的同一个线程来执行的，大家可以使用 thenAccept-Async(Consumer<? super T> action, Executor executor) 来指定设置的回调事件使用自定义线程池线程来执行，也就是 oneFuture 对应的任务与在其上设置的回调执行将不会在同一个线程中执行。

5）基于 thenApply 实现异步任务 A，执行完毕后，激活异步任务 B 执行。需要注意的是，这种方式激活的异步任务 B 是可以拿到任务 A 的执行结果的，并且可以获取到异步任务 B 的执行结果。

```java
public class TestCompletableFutureCallBack {

    public static void main(String[] args) throws InterruptedException,
ExecutionException {
        // 1.创建异步任务，并返回future
        CompletableFuture<String> oneFuture = CompletableFuture.
supplyAsync(new Supplier<String>() {

            @Override
            public String get() {

                // 1.1休眠2s，模拟任务计算
                try {
                    Thread.sleep(2000);
                } catch (InterruptedException e) {
                    e.printStackTrace();
                }
                // 1.2返回计算结果
                return "hello";
            }
        });

        // 2.在future上施加事件，当future计算完成后回调该事件，并返回新future
        CompletableFuture<String> twoFuture = oneFuture.thenApply(new
Function<String, String>() {
```

```
// 2.1在步骤1计算结果基础上进行计算，这里t为步骤1返回的hello
@Override
public String apply(String t) {
    // 2.1.1对oneFuture返回的结果进行加工
    try {
        Thread.sleep(1000);
    } catch (Exception e) {
        e.printStackTrace();
    }
    // 2.1.2返回加工后结果
    return t + " jiduo";
}
});

// 3.同步等待twoFuture对应的任务完成，并获取结果
System.out.println(twoFuture.get());

    }
}
```

在上述代码中，代码 1 创建异步任务，并返回 oneFuture，代码 2 在 oneFuture 上调用 thenApply 添加了一个任务，这个任务会在 oneFuture 对应的任务执行完毕后被激活执行。需要注意的是，这里可以在回调方法 apply(String t) 的参数 t 中获取 oneFuture 对应的任务结果，另外需要注意的是，由于 apply(String t) 方法有返回值，所以在 twoFuture 上调用 get() 方法最终也会返回回调方法返回的值。

默认情况下 oneFuture 对应的异步任务和在 oneFuture 上添加的回调事件都是使用 ForkJoinPool.commonPool() 中的同一个线程来执行的，大家可以使用 thenApplyAsync (Function<? super T,? extends U> fn, Executor executor) 来指定设置的回调事件使用自定义线程池线程来执行，也就是 oneFuture 对应的任务与在其上设置的回调执行将不会在同一个线程中执行。

6）基于 whenComplete 设置回调函数，当异步任务执行完毕后进行回调，不会阻塞调用线程：

```
public static void main(String[] args) throws InterruptedException,
```

```java
        ExecutionException, TimeoutException {

    // 1.创建一个CompletableFuture对象
    CompletableFuture<String> future = CompletableFuture.supplyAsync(new
Supplier<String>() {

        @Override
        public String get() {
            // 1.1模拟异步任务执行
            try {
                Thread.sleep(1000);
            } catch (InterruptedException e) {
                e.printStackTrace();
            }
            // 1.2返回计算结果
            return "hello,jiaduo";
        }
    });

    // 2.添加回调函数
    future.whenComplete(new BiConsumer<String, Throwable>() {

        @Override
        public void accept(String t, Throwable u) {
            // 2.1如果没有异常，打印异步任务结果
            if (null == u) {
                System.out.println(t);
            } else {
                // 2.2打印异常信息
                System.out.println(u.getLocalizedMessage());

            }
        }
    });

    // 3.挂起当前线程，等待异步任务执行完毕
    Thread.currentThread().join();
}
```

这里代码 1 开启了一个异步任务，任务内先休眠 1s，然后代码 1.2 返回计算结果；代码 2 则在返回的 future 上调用 whenComplete 设置一个回调函数，然后 main 线程就返回了。在整个异步任务的执行过程中，main 函数所在线程是不会被阻塞的，等异步任

务执行完毕后会回调设置的回调函数，在回调函数内，代码 2.1 表示如果发现异步任务执行正常则打印执行结果，否则打印异常信息。这里代码 3 挂起了 main 函数所在线程，是因为具体执行异步任务的是 ForkJoin 的 commonPool 线程池，其中线程都是 Deamon 线程，所以，当唯一的用户线程 main 线程退出后整个 JVM 进程就退出了，会导致异步任务得不到执行（关于用户线程与 deamon 线程的区别可以参考《Java 并发编程之美》一书）。

如上所述，当我们使用 CompletableFuture 实现异步编程时，大多数时候是不需要显式创建线程池，并投递任务到线程池内的。我们只需要简单地调用 CompletableFuture 的 runAsync 或者 supplyAsync 等方法把异步任务作为参数即可，其内部会使用 ForkJoinPool 线程池来进行异步执行的支持，这大大简化了我们异步编程的负担，实现了声明式编程（告诉程序我要执行异步任务，但是具体怎么实现我不需要管），当然如果你想使用自己的线程池来执行任务，也是可以非常方便地进行设置的。

3.3.4　多个 CompletableFuture 进行组合运算

CompletableFuture 功能强大的原因之一是其可以让两个或者多个 Completable-Future 进行运算来产生结果，下面我们来看其提供的几组函数：

1）基于 thenCompose 实现当一个 CompletableFuture 执行完毕后，执行另外一个 CompletableFuture：

```
public class TestTwoCompletableFuture {
    // 1.异步任务,返回future
    public static CompletableFuture<String> doSomethingOne(String
encodedCompanyId) {
        // 1.1创建异步任务
        return CompletableFuture.supplyAsync(new Supplier<String>() {

            @Override
            public String get() {

                // 1.1.1休眠1s,模拟任务计算
                try {
```

```java
                    Thread.sleep(1000);
                } catch (InterruptedException e) {
                    e.printStackTrace();
                }

                // 1.1.2 解密，并返回结果
                String id = encodedCompanyId;
                return id;
            }
        });
    }

    // 2.开启异步任务，返回future
    public static CompletableFuture<String> doSomethingTwo(String companyId) {
        return CompletableFuture.supplyAsync(new Supplier<String>() {

            @Override
            public String get() {

                // 2.1 休眠3s，模拟计算
                try {
                    Thread.sleep(3000);
                } catch (InterruptedException e) {
                    // TODO Auto-generated catch block
                    e.printStackTrace();
                }

                // 2.2 查询公司信息，转换为str，并返回
                String str = companyId + ":alibaba";
                return str;
            }
        });
    }

    public static void main(String[] args) throws InterruptedException,
ExecutionException {
        // I，等doSomethingOne执行完毕后，接着执行doSomethingTwo
        CompletableFuture result = doSomethingOne("123").thenCompose(id ->
doSomethingTwo(id));
        System.out.println(result.get());
    }
}
```

上述 main 函数中首先调用方法 doSomethingOne("123") 开启了一个异步任务，并返回了对应的 CompletableFuture 对象，我们取名为 future1，然后在 future1 的基础上调用了 thenCompose 方法，企图让 future1 执行完毕后，激活使用其结果作为 doSomethingTwo(String companyId) 方法的参数的任务。

2）基于 thenCombine 实现当两个并发运行的 CompletableFuture 任务都完成后，使用两者的结果作为参数再执行一个异步任务，这里只需要把上面例子中的：

```
CompletableFuture result = doSomethingOne("123").thenCompose(id ->
doSomethingTwo(id));
```

修改为：

```
result = doSomethingOne("123").thenCombine(doSomethingTwo("456"), (one, two) -> {
        return one + " " + two;
    });
```

3）基于 allOf 等待多个并发运行的 CompletableFuture 任务执行完毕：

```
public static void allOf() throws InterruptedException, ExecutionException {
    // 1.创建future列表
    List<CompletableFuture<String>> futureList = new ArrayList<>();
    futureList.add(doSomethingOne("1"));
    futureList.add(doSomethingOne("2"));
    futureList.add(doSomethingOne("3"));
    futureList.add(doSomethingOne("4"));

    // 2.转换多个future为一个
    CompletableFuture<Void> result = CompletableFuture
            .allOf(futureList.toArray(new CompletableFuture[futureList.
size()]));

    // 3.等待所有future都完成
    System.out.println(result.get());
}
```

如上代码 1 调用了四次 doSomethingOne 方法，分别返回一个 CompletableFuture 对象，然后收集这些 CompletableFuture 到 futureList 列表。

代码 2 调用 allOf 方法把多个 CompletableFuture 转换为一个 result，代码 3 在

result 上调用 get() 方法会阻塞调用线程，直到 futureList 列表中所有任务执行完毕才返回。

4）基于 anyOf 等多个并发运行的 CompletableFuture 任务中有一个执行完毕就返回：

```java
public static void anyOf() throws InterruptedException, ExecutionException {
    // 1.创建future列表
    List<CompletableFuture<String>> futureList = new ArrayList<>();
    futureList.add(doSomethingOne("1"));
    futureList.add(doSomethingOne("2"));
    futureList.add(doSomethingTwo("3"));

    // 2.转换多个future为一个
    CompletableFuture<Object> result = CompletableFuture
            .anyOf(futureList.toArray(new CompletableFuture[futureList.
size()]));

    // 3.等待某一个future完成
    System.out.println(result.get());

}
```

如上代码 1 调用了四次 doSomethingOne 方法，分别返回一个 CompletableFuture 对象，然后收集这些 CompletableFuture 到 futureList 列表。

代码 2 调用 anyOf 方法把多个 CompletableFuture 转换为一个 result，代码 3 在 result 上调用 get() 方法会阻塞调用线程，直到 futureList 列表中有一个任务执行完毕才返回。

3.3.5　异常处理

前文的代码为我们演示的功能都是当异步任务内可以正常设置任务结果时的情况，但是情况并不总是这样的，比如下面这段代码：

```java
public static void main(String[] args) throws InterruptedException,
ExecutionException, TimeoutException {
    // 1.创建一个CompletableFuture对象
```

```
CompletableFuture<String> future = new CompletableFuture<String>();

// 2.开启线程计算任务结果，并设置
new Thread(() -> {

    // 2.1休眠3s，模拟任务计算
    try {
        // 2.1.1抛出异常
        if (true) {
            throw new RuntimeException("excetion test");
        }
        // 2.1.2设置正常结果
        future.complete("ok");
    } catch (Exception e) {

    }
    // 2.2设置计算结果到future
    System.out.println("----" + Thread.currentThread().getName() + " set
future result----");

}, "thread-1").start();

// 3.等待计算结果
System.out.println(future.get());
}
```

由上述代码可知，在代码 2.1.2 设置正常结果前，代码 2.1.1 抛出了异常，这会导致代码 3 一直阻塞，所以我们不仅需要考虑正常设置结果的情况，还需要考虑异常的情况，其实 CompletableFuture 提供了 completeExceptionally 方法来处理异常情况，将上述代码修改为如下所示。

```
public static void main(String[] args) throws InterruptedException,
ExecutionException, TimeoutException {
    // 1.创建一个CompletableFuture对象
    CompletableFuture<String> future = new CompletableFuture<String>();

    // 2.开启线程计算任务结果，并设置
    new Thread(() -> {

        // 2.1休眠3s，模拟任务计算
        try {
            // 2.1.1 抛出异常
```

```
            if (true) {
                throw new RuntimeException("excetion test");
            }
            // 2.1.2设置正常结果
            future.complete("ok");
        } catch (Exception e) {
            // 2.1.3 设置异常结果
            future.completeExceptionally(e);
        }
        // 2.2设置计算结果到future
        System.out.println("----" + Thread.currentThread().getName() + "
set future result----");

    }, "thread-1").start();

    // 3.等待计算结果
    System.out.println(future.get());
}
```

如上代码 2.1.3 表示当出现异常时把异常信息设置到 future 内部，这样代码 3 就会在抛出异常后终止。

其实我们还可以修改代码 3 为：

```
System.out.println(future.exceptionally(t -> "default").get());// 默认值
```

实现当出现异常时返回默认值。

3.3.6 CompletableFuture 概要原理

由于 CompletableFuture 在异步编程领域还是比较重要的，所以我们有必要探究下其原理，以便加深对异步的理解，首先我们来看下其类图结构，如图 3-3 所示。

图 3-3 实现了 CompletionStage 接口。

1）一个 CompletionStage 代表着一个异步计算节点，当另外一个 CompletionStage 计算节点完成后，当前 CompletionStage 会执行或者计算一个值；一个节点在计算终止时完成，可能反过来触发其他依赖其结果的节点开始计算。

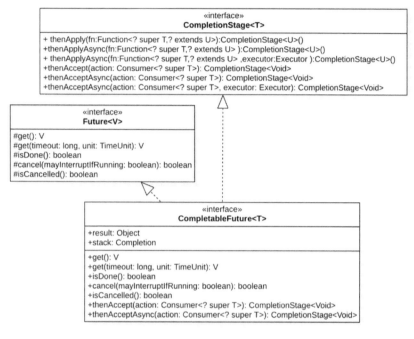

图 3-3　CompletableFuture 类图

2）一个节点（CompletionStage）的计算执行可以被表述为一个函数、消费者、可执行的 Runable（例如使用 apply、accept、run 方法），具体取决于这个节点是否需要参数或者产生结果。例如：

```
stage.thenApply(x -> square(x))//计算平方和
    .thenAccept(x -> System.out.print(x))//输出计算结果
    .thenRun(() -> System.out.println());//然后执行异步任务
```

3）CompletionStage 节点可以使用 3 种模式来执行：默认执行、默认异步执行（使用 async 后缀的方法）和用户自定义的线程执行器执行（通过传递一个 Executor 方式）。

4）一个节点的执行可以通过一到两个节点的执行完成来触发。一个节点依赖的其他节点通常使用 then 前缀的方法来进行组织。

类图中 result 字段用来存放任务执行的结果，如果不为 null，则标识任务已经执行完成。而计算任务本身也可能需要返回 null 值，所以使用 AltResult（如下代码）来包装计算任务返回 null 的情况 (ex 等于 null 的时候)，AltResult 也被用来存放当任务执行出现异常时候的异常信息（ex 不为 null 的时候）：

```
static final class AltResult { // See above
    final Throwable ex;        // null only for NIL
    AltResult(Throwable x) { this.ex = x; }
}
```

类图中 stack 字段是当前任务执行完毕后要触发的一系列行为的入口，由于一个任务执行后可以触发多个行为，所以所有行为被组织成一个链表结构，并且使用 Treiber stack 实现了无锁基于 CAS 的链式栈，其中 stack 存放栈顶行为节点，stack 是 Completion 类型的，定义如下所示。

```
abstract static class Completion extends ForkJoinTask<Void>
    implements Runnable, AsynchronousCompletionTask {
    volatile Completion next;        // Treiber stack下一个节点
    ...
}
```

类图中 asyncPool 是用来执行异步任务的线程池，如果支持并发则默认为 Fork-JoinPool.commonPool()，否则是 ThreadPerTaskExecutor。

1. CompletableFuture<Void> runAsync(Runnable runnable) 方法

该方法返回一个新的 CompletableFuture 对象，其结果值会在给定的 runnable 行为使用 ForkJoinPool.commonPool() 异步执行完毕后被设置为 null，代码如下所示。

```
public static CompletableFuture<Void> runAsync(Runnable runnable) {
    return asyncRunStage(asyncPool, runnable);
}
```

如上代码中，默认情况下 asyncPool 为 ForkJoinPool.commonPool()，其中 asyncRunStage 代码如下所示。

```
static CompletableFuture<Void> asyncRunStage(Executor e, Runnable f) {
    //1.任务或者行为为null，则抛出NPE异常
    if (f == null) throw new NullPointerException();
    //2.创建一个future对象
    CompletableFuture<Void> d = new CompletableFuture<Void>();
    //3.包装f和d为异步任务后，投递到线程池执行
```

```
        e.execute(new AsyncRun(d, f));
        //4.返回创建的future对象
        return d;
}
```

- 代码 1 判断行为是否为 null，如果是则抛出异常。
- 代码 2 创建一个 CompletableFuture 对象。
- 代码 3 首先创建一个 AsyncRun 任务，里面保存了创建的 future 对象和要执行的行为，然后投递到 ForkJoinPool.commonPool() 线程池执行。
- 代码 4 直接返回创建的 CompletableFuture 对象。

可知 runAsync 方法会马上返回一个 CompletableFuture 对象，并且当前线程不会被阻塞；代码 3 投递 AsyncRun 任务到线程池后，线程池线程会执行其 run 方法。下面我们看看在 AsyncRun 中是如何执行我们设置的行为，并把结果设置到创建的 future 对象中的。

```
static final class AsyncRun extends ForkJoinTask<Void>
        implements Runnable, AsynchronousCompletionTask {
    CompletableFuture<Void> dep; Runnable fn;
    //保存创建的future和要执行的行为
    AsyncRun(CompletableFuture<Void> dep, Runnable fn) {
        this.dep = dep; this.fn = fn;
    }
    ...
    public void run() {
        CompletableFuture<Void> d; Runnable f;
        if ((d = dep) != null && (f = fn) != null) {
            dep = null; fn = null;
            //5.如果future的result等于null，说明任务还没完成
            if (d.result == null) {
                try {
                    //5.1执行传递的行为
                    f.run();
                    //5.2设置future的结果为null
                    d.completeNull();
                } catch (Throwable ex) {
                    d.completeThrowable(ex);
                }
            }
        }
```

```
            //6弹出当前future中依赖当前结果的行为并执行
            d.postComplete();
        }
    }
}
```

这里代码 5 如果发现 future 的 result 不为 null，说明当前 future 还没开始执行，则代码 5.1 执行我们传递的 runnable 方法，然后执行代码 5.2 将 future 对象的结果设置为 null，这时候其他因调用 future 的 get() 方法而被阻塞的线程就会从 get() 处返回 null。

当代码 6 的 future 任务结束后，看看其 stack 栈里面是否有依赖其结果的行为，如果有则从栈中弹出来，并执行。

其实上面代码中的 runAsync 实现可以用我们自己编写的简单代码来模拟。

```
public static CompletableFuture runAsync(Runnable runnable) {
    CompletableFuture<String> future = new CompletableFuture<String>();

    // 2.开启线程计算任务结果，并设置
    POOL_EXECUTOR.execute(() -> {

        // 2.1模拟任务计算
        try {
            runnable.run();
            future.complete(null);

        } catch (Exception e) {
            future.completeExceptionally(e);
        }
    });

    return future;
}
```

2. CompletableFuture<U> supplyAsync(Supplier<U> supplier) 方法

该方法返回一个新的 CompletableFuture 对象，其结果值为入参 supplier 行为执行的结果，代码如下所示。

```
public static <U> CompletableFuture<U> supplyAsync(Supplier<U> supplier) {
    return asyncSupplyStage(asyncPool, supplier);
}

static <U> CompletableFuture<U> asyncSupplyStage(Executor e,
                                                 Supplier<U> f) {
    if (f == null) throw new NullPointerException();
    CompletableFuture<U> d = new CompletableFuture<U>();
    e.execute(new AsyncSupply<U>(d, f));
    return d;
}
```

如上代码与 runAsync 类似，不同点在于，其提交到线程池的是 AsyncSupply 类型
的任务，下面我们来看其代码。

```
static final class AsyncSupply<T> extends ForkJoinTask<Void>
        implements Runnable, AsynchronousCompletionTask {
    CompletableFuture<T> dep; Supplier<T> fn;
    AsyncSupply(CompletableFuture<T> dep, Supplier<T> fn) {
        this.dep = dep; this.fn = fn;
    }

    ...

    public void run() {
        CompletableFuture<T> d; Supplier<T> f;
        if ((d = dep) != null && (f = fn) != null) {
            dep = null; fn = null;
            //1.如果future的result等于null，说明任务还没完成
            if (d.result == null) {
                try {
                    //1.1 f.get()执行行为f的方法，并获取结果
                    //1.2 把f.get()执行结果设置到future对象
                    d.completeValue(f.get());
                } catch (Throwable ex) {
                    d.completeThrowable(ex);
                }
            }
            //2.弹出当前future中依赖当前结果的行为并执行

            d.postComplete();
        }
    }
}
```

如上代码与 runAsync 的不同点在于，这里的行为方法是 Supplier，其 get() 方法有返回值，且返回值会被设置到 future 中，然后调用 future 的 get() 方法的线程就会获取到该值。

3. CompletableFuture<U> supplyAsync(Supplier<U> supplier,Executor executor) 方法

该方法返回一个新的 CompletableFuture 对象，其结果值为入参 supplier 行为执行的结果，需要注意的是，supplier 行为的执行不再是 ForkJoinPool.commonPool()，而是业务自己传递的 executor，其代码如下所示。

```java
        public static <U> CompletableFuture<U> supplyAsync(Supplier<U> supplier,
                                                    Executor executor) {
            return asyncSupplyStage(screenExecutor(executor), supplier);
        }
static Executor screenExecutor(Executor e) {
    //如果使用commonpool并且传递的e本身就是commonpool
    if (!useCommonPool && e == ForkJoinPool.commonPool())
        return asyncPool;
    //如果传递的线程池为null，则抛出NPE异常
    if (e == null) throw new NullPointerException();

    //返回业务传递的线程池e
    return e;
}
```

如上代码通过使用 screenExecutor 方法来判断传入的线程池是否是一个可用的线程池，如果不是则抛出异常。

3.4 JDK8 Stream & CompletableFuture

3.4.1 JDK8 Stream

JDK8 中提供了流式对数据进行处理的功能，它的出现允许我们以声明式方式对数据集合进行处理。所谓声明式是相对于我们平时所用的命令式编程来说的，使用声明式

编程会让我们对业务的表达更清晰。另外使用流可以让我们很方便地对数据集进行并行处理。

比如下面的代码，我们从 person 列表中过滤出年龄大于 10 岁的人，并且收集对应的 name 字段到 list，然后统一打印处理。在使用非 Stream 的情况下，我们会使用如下代码来实现。

```java
public static List<Person> makeList() {
    List<Person> personList = new ArrayList<Person>();
    Person p1 = new Person();
    p1.setAge(10);
    p1.setName("zlx");
    personList.add(p1);

    p1 = new Person();
    p1.setAge(12);
    p1.setName("jiaduo");
    personList.add(p1);

    p1 = new Person();
    p1.setAge(5);
    p1.setName("ruoran");
    personList.add(p1);
    return personList;
}

public static void noStream(List<Person> personList) {

    List<String> nameList = new ArrayList<>();

    for (Person person : personList) {
        if (person.age >= 10) {
            nameList.add(person.getName());
        }
    }

    for(String name: nameList) {
        System.out.println(name);
    }

}
```

```
public static void main(String[] args) {

    List<Person> personList = makeList();

    noStream(personList);

}
```

从上述代码可知，noStream 方法是典型的命令式编码，我们用 for 循环来一个个判断当前 person 对象中的 age 字段值是否大于等于 10，如果是则把当前对象的 name 字段放到手动创建的 nameList 列表中，然后再开启新的 for 循环逐个遍历 nameList 中的 name 字段。

下面我们使用 Stream 方式来修改上面的代码。

```
public static void useStream(List<Person> personList) {

    List<String> nameList = personList.stream().filter(person -> person.
getAge() >= 10)// 1.过滤大于等于10的age字段值
            .map(person -> person.getName())// 2.使用map映射元素
            .collect(Collectors.toList());// 3.收集映射后元素

    nameList.stream().forEach(name -> System.out.println(name));
}
```

在上面的代码中我们首先从 personList 获取到流对象，然后在其上进行了 filter 运算，过滤出年龄大于等于 10 的 person，然后运用 map 方法映射 person 对象到 name 字段，再使用 collect 方法收集所有的 name 字段到 nameList，最后从 nameList 上获取流并调用 forEach 进行打印。上面的代码就是声明式编程，其可读性很强，代码直接可以说明想要什么（从代码就可以知道我们要过滤出年龄大于等于 10 岁的人，并且把满足条件的 person 的 name 字段收集起来，然后打印）。

需要注意的是，这里的 filter 和 map 操作是中间操作符，也就是当我们在流上施加这些操作时并不会真的被执行。而 collect 操作是终端操作符，当在流上执行终端操作符时，流上施加的操作才会执行。

JDK8 中对于 Steam 提供了很多操作符，本节只是简单的列出了 filter、map、collect

这几种方法，其实我们可以在操作流上施加更多的操作，更多的操作符大家可以阅读《jdk8 实战》这本书来了解（这本书对 JDK 的函数式编程与 Stream 讲解的比较通俗易懂）。

3.4.2　当 Stream 遇见 CompletableFuture

下面我们来看看当 Stream 与 CompletableFuture 相结合时会产生什么样的火花。首先我们来看一个需求，这个需求是消费端对服务提供方集群中的某个服务进行广播调用（轮询调用同一个服务的不同提供者的机器），正常同步调用代码如下所示。

```
public class StreamTestFuture {

    public static String rpcCall(String ip, String param) {

        System.out.println(ip + " rpcCall:" + param);
        try {
            Thread.sleep(1000);
        } catch (InterruptedException e) {
            e.printStackTrace();
        }
        return param;

    }

    public static void main(String[] args) {

        // 1.生成ip列表
        List<String> ipList = new ArrayList<String>();
        for (int i = 1; i <=10; ++i) {
            ipList.add("192.168.0." + i);
        }

        // 2.发起广播调用
        long start = System.currentTimeMillis();
        List<String> result = new ArrayList<>();
        for (String ip : ipList) {
            result.add(rpcCall(ip, ip));
        }

        // 3.输出
```

```
        result.stream().forEach(r -> System.out.println(r));
        System.out.println("cost:" + (System.currentTimeMillis() - start));
    }
```

- 代码 1 生成 ip 列表，这代表了所有服务提供者的机器 ip。
- 代码 2 轮询每个 ip，使用 ip 作为参数调用 rpcCall 方法（这里面使用休眠 1s 来模拟远程 rpc 过程执行）并且把结果保存到 result 中。
- 代码 3 则等所有服务调用完成后打印执行结果，运行上面代码时会发现耗时大概为 10s，这是因为代码 2 发起广播调用是顺序的，也就是当上次 rpc 调用返回结果后才会进行下一次调用。

下面我们借用 Stream 和 CompletableFuture 来看看业务线程如何并发地发起多次 rpc 请求，从而缩短整个处理流程的耗时。

```
// 1.生成ip列表
    List<String> ipList = new ArrayList<String>();
    for (int i = 1; i <= 10; ++i) {
        ipList.add("192.168.0." + i);
    }

    // 2.并发调用
    long start = System.currentTimeMillis();
    List<CompletableFuture<String>> futureList = ipList.stream()
            .map(ip -> CompletableFuture.supplyAsync(() -> rpcCall(ip,
ip)))//同步转换为异步
            .collect(Collectors.toList());//收集结果

    //3.等待所有异步任务执行完毕
    List<String> resultList = futureList.stream()
                                    .map(future -> future.join())
                                        //同步等待结果
                                    .collect(Collectors.toList());
                                        //对结果进行收集

    // 4.输出
    resultList.stream().forEach(r -> System.out.println(r));

    System.out.println("cost:" + (System.currentTimeMillis() - start));
```

- 代码 2 从 ipList 处获取了 stream，然后通过 map 操作符把 ip 转换为远程调用。

- 注意，这里通过使用 CompletableFuture.supplyAsync 方法把 rpc 的同步调用转换为了异步，也就是把同步调用结果转换为了 CompletableFuture 对象，所以操作符 map 返回的是一个 CompletableFuture，然后 collect 操作把所有的 CompletableFuture 对象收集为 list 后返回。

- 此外，这里多个 rpc 调用时是并发执行的，不是顺序执行，因为 CompletableFuture. supplyAsync 方法把 rpc 的同步调用转换为了异步。

- 代码 3 从 futureList 获取流，然后使用 map 操作符把 future 对象转换为 future 的执行结果，这里是使用 future 的 join 方法来阻塞获取每个异步任务执行完毕，然后返回执行结果，最后使用 collect 操作把所有的结果收集到 resultList。

- 代码 4 从 resultList 获取流，然后打印结果。

- 运行上面的代码会发现耗时大大减少了，这可以证明上面 10 个 rpc 调用时是并发运行的，并不是串行执行。

注意：具体这 10 个 rpc 请求是否全部并发运行取决于 CompletableFuture 内线程池内线程的个数，如果你的机器是单核的或者线程池内线程个数为 1，那么这 10 个任务还是会顺序执行的。

3.5　总结

本章我们首先讲解了如何使用 FutureTask 实现异步编程及其缺点，然后讲解了 CompletableFuture 如何解决其缺点，以及 CompletableFuture 与 JDK Stream 是如何完美结合的，可知使用 CompletableFuture 实现异步编程属于声明式编程，一般情况下不需要我们显式创建线程池并提交任务到线程池，这大大减轻了编程者的负担。另外本章多为实践类型，希望大家可以动手实践本章实例，以加深理解。

Spring 框架中的异步执行

在 Spring Framework 中分别使用 TaskExecutor 和 TaskScheduler 接口提供异步执行和任务调度的抽象，本章我们着重讲解基于 TaskExecutor 支撑的注解 @Async 是如何实现异步处理的。

4.1 Spring 中对 TaskExecutor 的抽象

Spring 2.0 版本中提供了一种新的处理执行器（executors）的抽象，即 TaskExecutor 接口。TaskExecutor 接口与 java.util.concurrent.Executor 是等价的，其只有一个接口。

```
public interface TaskExecutor {
    void execute(Runnable task);
}
```

该接口具有单个方法 execute（Runnable task），该方法基于线程池的语义和配置接收要执行的任务。

最初创建 TaskExecutor 是为了给其他 Spring 组件提供所需的线程池抽象。诸如 ApplicationEventMulticaster、JMS 的 AbstractMessageListenerContainer 和 Quartz 集成之类

的组件都使用 TaskExecutor 抽象来池化线程。但是，如果对线程池有定制需要，则可以根据自己的需要实现此抽象。

Spring 框架本身内置了很多类型的 TaskExecutor 实现。

- SimpleAsyncTaskExecutor

这种 TaskExecutor 接口的实现不会复用线程，对应每个请求会新创建一个对应的线程来执行。它支持的并发限制将阻止任何超出限制的调用，这个可以通过调用 setConcurrencyLimit 方法来限制并发数，默认是不限制并发数的。

- SyncTaskExecutor

这种 TaskExecutor 接口的实现不会异步地执行提交的任务，而是会同步使用调用线程来执行，这种实现主要用于没有必要多线程进行处理的情况，比如在进行简单的单元测试时。

- ConcurrentTaskExecutor

这种 TaskExecutor 接口的实现是对 JDK5 中的 java.util.concurrent.Executor 的一个包装，通过 setConcurrentExecutor(Executor concurrentExecutor) 接口可以设置一个 JUC 中的线程池到其内部来做适配。还有一个替代方案 ThreadPoolTaskExecutor，它通过 bean 属性的方式配置 Executor 线程池的属性。一般很少会用到 Concurrent TaskExecutor，但如果 ThreadPoolTaskExecutor 不够健壮满足不了你的需求，那么 ConcurrentTaskExecutor 也是一种选择。

- SimpleThreadPoolTaskExecutor

这个实现实际上是 Quartz 的 SimpleThreadPool 的子类，它监听 Spring 的生命周期回调。当你有一个可能需要 Quartz 和非 Quartz 组件共享的线程池时，通常会使用该实现。

- ThreadPoolTaskExecutor

该实现只能在 Java 5 环境中使用，其也是该环境中最常用的实现。它公开了 bean 属性，用于配置 java.util.concurrent.ThreadPoolExecutor 并将其包装在 TaskExecutor 中。如果你需要一些高级的接口，例如 ScheduledThreadPoolExecutor，建议使用 Concurrent TaskExecutor。

- TimerTaskExecutor

该实现使用单个 java.util.Timer 对象作为其内部异步线程来执行任务。它与 SyncTaskExecutor 的不同之处在于，该实现对所有提交的任务都在 Timer 内的单独线程中执行，尽管提交的多个任务的执行是顺序同步的。

如上，Spring 框架本身提供了很多 TaskExecutor 的实现，但是如果不符合你的需要，你可以通过实现 TaskExecutor 接口来定制自己的执行器。

4.2 如何在 Spring 中使用异步执行

4.2.1 使用 TaskExecutor 实现异步执行

在 Spring 中 TaskExecutor 的实现类是以 JavaBeans 的方式提供服务的，比如下面这个例子，我们通过 xml 方式向 Spring 容器中注入了 TaskExecutor 的实现者 ThreadPoolTaskExecutor 的实例。

```xml
<bean id="taskExecutor" class="org.springframework.scheduling.concurrent.
ThreadPoolTaskExecutor">
    <!--1. 核心线程个数-->
    <property name="corePoolSize" value="5" />
    <!--2.最大线程个数 -->
    <property name="maxPoolSize" value="10" />
    <!--3.超过核心线程个数的线程空闲多久被回收 -->
    <property name="keepAliveSeconds" value="60" />

    <!--4.缓存队列大小 -->
    <property name="queueCapacity" value="20" />
```

```
        <!--5.拒绝策略 -->
        <property name="rejectedExecutionHandler">
            <bean class="java.util.concurrent.ThreadPoolExecutor$CallerRuns
Policy" />
        </property>
    </bean>
```

- 如上代码我们向 Spring 容器中注入了一个 ThreadPoolTaskExecutor 处理器实例，
  其配置属性与 Java 并发包中的线程池 ThreadPoolExecutor 类似。
- 其中代码 1、2 将处理器中核心线程个数设置为 5，最大线程个数设置为 10。
- 代码 3 设置了线程池中非核心线程空闲 60s 后会被自动回收。
- 代码 4 设置了线程池阻塞队列的大小为 20。
- 代码 5 设置了线程池的拒绝策略，这里设置为 CallerRunsPolicy，意为当线程池
  中的队列满了，并且所有线程都在忙碌的时候，如果此时向处理器提交了新的
  任务，则新的任务不再是异步执行，而是使用调用线程来执行。

当我们向 Spring 容器中注入了 TaskExecutor 的实例后，我们就可以在 Spring 容器
中使用它。

```
<bean id="asyncExecutorExample"
    class="com.jiaduo.async.AsyncProgram.AsyncExecutorExample">
    <property name="taskExecutor" ref="taskExecutor" />
</bean>
```

- 如上代码通过 xml 方式向 Spring 容器注入了 AsyncExecutorExample 的实例，并
  且其属性 taskExecutor 注入了上面创建的名称为 taskExecutor 的执行器，下面我
  们看看 AsyncExecutorExample 的代码。

```
public class AsyncExecutorExample {
    private class MessagePrinterTask implements Runnable {

        private String message;

        public MessagePrinterTask(String message) {
            this.message = message;
        }

        public void run() {
```

```java
            try {
                Thread.sleep(1000);
                System.out.println(Thread.currentThread().getName() + " " +
message);
            } catch (Exception e) {
                e.printStackTrace();
            }
        }
    }

    public TaskExecutor getTaskExecutor() {
        return taskExecutor;
    }

    public void setTaskExecutor(TaskExecutor taskExecutor) {
        this.taskExecutor = taskExecutor;
    }

    // 线程池执行器
    private TaskExecutor taskExecutor;

    public void printMessages() {
        for (int i = 0; i < 6; i++) {
            taskExecutor.execute(new MessagePrinterTask("Message" + i));
        }
    }
}
```

上述代码的 AsyncExecutorExample 中有一个类型为 TaskExecutor 的属性，我们通过 setter 访问器注入了该属性，其有一个 printMessages 方法用来触发异步任务执行，这里的异步任务被封装为 MessagePrinterTask，其在 run 方法内先休眠 1s 模拟任务执行，然后打印输出。

下面我们看看如何把上面的内容组成可执行的程序，首先需要把上面两个 xml 配置汇总到 beans.xml 里面，代码如下所示。

```xml
<?xml version="1.0" encoding="UTF-8" ?>
<beans xmlns="http://www.springframework.org/schema/beans"
    xmlns:context="http://www.springframework.org/schema/context"
    xmlns:xsi="http://www.w3.org/2001/XMLSchema-instance"
    xsi:schemaLocation="http://www.springframework.org/schema/beans
        http://www.springframework.org/schema/beans/spring-beans-2.0.xsd
```

```
          http://www.springframework.org/schema/context
          http://www.springframework.org/schema/context/spring-context-2.5.xsd">
    <bean id="taskExecutor"
        class="org.springframework.scheduling.concurrent.
ThreadPoolTaskExecutor">
        ...
    </bean>
    <bean id="asyncExecutorExample"
        class="com.jiaduo.async.AsyncProgram.AsyncExecutorExample">
        <property name="taskExecutor" ref="taskExecutor" />
    </bean>

</beans>
```

然后我们需要编写的测试代码如下所示。

```
public static void main(String arg[]) throws InterruptedException {
    // 1.创建容器上下文
    ClassPathXmlApplicationContext applicationContext = new
ClassPathXmlApplicationContext(
            new String[] { "beans.xml" });

    // 2.获取AsyncExecutorExample实例并调用打印方法
    System.out.println(Thread.currentThread().getName() + " begin ");
    AsyncExecutorExample asyncExecutorExample = applicationContext.
getBean(AsyncExecutorExample.class);
    asyncExecutorExample.printMessages();
    System.out.println(Thread.currentThread().getName() + " end ");
}
```

- 代码 1 使用 ClassPathXmlApplicationContext 创建了一个 Spring 容器上下文，并且以 beans.xml 作为容器中 bean 的元数据。
- 代码 2 从容器上下文中获取 AsyncExecutorExample 的实例，并且调用了 print-Messages 方法。由于 printMessages 方法内的 6 个任务提交到了执行器线程进行处理，所以 main 函数所在线程调用 printMessages 方法后马上返回，然后具体任务是由执行器中的线程执行的。
- 运行上面代码，一个可能的输出为：

```
main begin
main end
taskExecutor-1 Message0
```

```
taskExecutor-3 Message2
taskExecutor-2 Message1
taskExecutor-5 Message4
taskExecutor-4 Message3
taskExecutor-1 Message5
```

可知具体任务是在执行器线程中执行的，而不是在 main 函数所在线程中执行的。运行上面的代码后，虽然 main 函数所在线程会马上结束，并且异步任务也执行完了，但是 JVM 进程并没有退出，这是因为执行器 ThreadPoolTaskExecutor 中的线程都是用户线程而不是 Deamon 线程。而 JVM 退出的条件是进程中不含有任何用户线程，所以我们要与使用 Java 并发包中的线程池一样，需要显式关闭线程池。

为此我们在 AsyncExecutorExample 中添加 shutdown 方法：

```
public void shutdown() {
    if (taskExecutor instanceof ThreadPoolTaskExecutor) {
        ((ThreadPoolTaskExecutor) taskExecutor).shutdown();
    }
}
```

然后在测试类的 main 函数最后添加如下代码：

```
// 3.关闭执行器，释放线程
asyncExecutorExample.shutdown();
```

添加代码后，运行测试代码，输出如下所示。

```
main begin
main end
java.lang.InterruptedException: sleep interrupted
    at java.lang.Thread.sleep(Native Method)
    at com.jiaduo.async.AsyncProgram.AsyncExecutorExample$MessagePrinterTask.
run(AsyncExecutorExample.java:17)
...
```

如上可知我们的任务都被中断了（因为我们的任务中调用了 sleep 方法），这是因为默认情况下执行器 ThreadPoolTaskExecutor 中的变量 waitForTasksToComplete OnShutdown 为 false，意为关闭执行器时不等待正在执行的任务执行完毕就中断执行任务的线程。所以我们需要修改 ThreadPoolTaskExecutor 注入的配置，代码如下所示。

```
<bean id="taskExecutor"
    class="org.springframework.scheduling.concurrent.ThreadPoolTaskExecutor">
    ...
    <property name="waitForTasksToCompleteOnShutdown"
        value="true"></property>
</bean>
```

如上配置在注入 ThreadPoolTaskExecutor 的配置属性最后添加了变量 waitForTasksTo
CompleteOnShutdown 为 true 的配置，然后运行测试类，就会发现等异步任务执行完毕
后，当前 jvm 进程就不存在了，这说明执行器已经被优雅地退出了。

4.2.2　使用注解 @Async 实现异步执行

在 Spring 中可以在方法上添加 @Async 注释，以便异步执行该方法。换句话说，
调用线程将在调用含有 @Async 注释的方法时立即返回，并且该方法的实际执行将发生
在 Spring 的 TaskExecutor 异步处理器线程中。需要注意的是，该注解 @Async 默认是
不会解析的，你可以使用如下两种方式开启该注解的解析。

- 基于 xml 配置 Bean 时需要加入如下配置，才可以开启异步处理：

  ```
  <task:annotation-driven  />
  ```

- 在基于注解的情况下可以添加如下注解来启动异步处理：

  ```
  @EnableAsync
  ```

下面我们看看如何使用第一种方式开启并使用异步执行，首先我们需要在 beans-
annotation.xml 中配置如下代码。

```
<?xml version="1.0" encoding="UTF-8" ?>
<beans xmlns="http://www.springframework.org/schema/beans"
    xmlns:context="http://www.springframework.org/schema/context"
    xmlns:xsi="http://www.w3.org/2001/XMLSchema-instance"
    xmlns:task="http://www.springframework.org/schema/task"
    xsi:schemaLocation="http://www.springframework.org/schema/beans
        http://www.springframework.org/schema/beans/spring-beans-2.0.xsd
        http://www.springframework.org/schema/context
        http://www.springframework.org/schema/context/spring-context-2.5.xsd
        http://www.springframework.org/schema/task
        http://www.springframework.org/schema/task/spring-task.xsd">
```

```xml
    <!--1.开启Async注解的解析 -->
    <task:annotation-driven />

    <!--2.注入业务Bean -->
    <bean id="asyncCommentExample"
        class="com.jiaduo.async.AsyncProgram.AsyncAnnotationExample">
    </bean>
</beans>
```

如上代码 1 通过配置开启了对注解 Async 的解析，代码 2 注入了我们的业务 Bean，其代码如下所示。

```java
public class AsyncAnnotationExample {
    @Async
    public void printMessages() {
        for (int i = 0; i < 6; i++) {
            try {
                Thread.sleep(1000);
                System.out.println(Thread.currentThread().getName() + " 、
Message" + i);
            } catch (Exception e) {
                e.printStackTrace();
            }
        }
    }
}
```

如上代码的 printMessages 方法添加了 @Async 注解，方法内循环 6 次，循环中先让执行线程休眠 1s，然后打印输出。

下面我们组合上面的代码片段形成一个可执行程序进行测试，测试代码如下所示。

```java
public static void main(String arg[]) throws InterruptedException {
    // 1.创建容器上下文
    ClassPathXmlApplicationContext applicationContext = new
ClassPathXmlApplicationContext(
            new String[] { "beans-annotation.xml" });

    // 2. 获取AsyncAnnotationExample实例并调用打印方法
    System.out.println(Thread.currentThread().getName() + " begin ");
    AsyncAnnotationExample asyncCommentExample = applicationContext.
getBean(AsyncAnnotationExample.class);
    asyncCommentExample.printMessages();
    System.out.println(Thread.currentThread().getName() + " end ");
}
```

如上代码 1 使用 beans-annotation.xml 作为容器 Bean 的元数据创建了 Spring 上下文，代码 2 从中获取了 AsyncAnnotationExample 的实例，然后调用其 printMessages，main 线程调用该方法后，该方法会马上返回，printMessages 内的任务是使用 Spring 框架内的默认执行器 SimpleAsyncTaskExecutor 中的线程来执行的。运行上面代码的一个可能的输出结果如下所示。

```
main begin
main end
SimpleAsyncTaskExecutor-1 Message0
SimpleAsyncTaskExecutor-1 Message1
SimpleAsyncTaskExecutor-1 Message2
SimpleAsyncTaskExecutor-1 Message3
SimpleAsyncTaskExecutor-1 Message4
SimpleAsyncTaskExecutor-1 Message5
```

可知具体执行异步任务的是 SimpleAsyncTaskExecutor 中的线程，而不是 main 函数所在线程。当然我们可以指定自己的执行器来执行我们的异步任务，这需要我们在 xml 配置自己的执行器，代码如下所示。

```xml
<?xml version="1.0" encoding="UTF-8" ?>
<beans xmlns="http://www.springframework.org/schema/beans"
    ...
    <!--0.创建自己的业务线程池处理器 -->
    <task:executor id="myexecutor" pool-size="5" />
    <!--1.开启Async注解的解析 -->
    <task:annotation-driven executor="myexecutor"/>
    <!--2.注入业务Bean -->
    <bean id="asyncCommentExample"
        class="com.jiaduo.async.AsyncProgram.AsyncAnnotationExample">
    </bean>
</beans>
```

如上代码 0 为我们创建了自己的线程池处理器，代码 1 则把我们的线程池处理器作为异步任务的处理器，运行如上代码，可以看到一个可能的输出结果如下：

```
main begin
main end
myexecutor-1 Message0
myexecutor-1 Message1
myexecutor-1 Message2
```

```
myexecutor-1 Message3
myexecutor-1 Message4
myexecutor-1 Message5
```

由如上代码可知，异步任务是使用我们自己的线程池执行器执行的。

下面我们看看第二种方式是如何使用注解方式开启异步处理的，首先我们需要在 xml 里面进行如下配置。

```xml
<?xml version="1.0" encoding="UTF-8" ?>
<beans xmlns="http://www.springframework.org/schema/beans"
    xmlns:context="http://www.springframework.org/schema/context"
    xmlns:xsi="http://www.w3.org/2001/XMLSchema-instance"
    xmlns:task="http://www.springframework.org/schema/task"
    xsi:schemaLocation="http://www.springframework.org/schema/beans
        http://www.springframework.org/schema/beans/spring-beans-2.0.xsd
        http://www.springframework.org/schema/context
        http://www.springframework.org/schema/context/spring-context-2.5.xsd
        http://www.springframework.org/schema/task
        http://www.springframework.org/schema/task/spring-task.xsd">

    <!--1.扫描bean的包路径 -->
    <context:component-scan
        base-package="com.jiaduo.async.AsyncProgram" />
</beans>
```

如上代码 1 配置了包扫描路径，框架会扫描该包下面含有 @Component 注解的从 Bean 到 Spring 的容器。

然后要在 com.jiaduo.async.AsyncProgram 包下的 AsyncAnnotationExample 类中加上如下注解。

```java
@EnableAsync//开启异步执行
@Component//把该Bean注入Spring容器
public class AsyncAnnotationExample {
    @Async
    public void printMessages() {
        ...
    }
}
```

如上代码使用了注解 @EnableAsync 开启异步执行。

　　另外需要注意的是 @Async 注解本身也是有参数的，比如我们可以在某一个需要异步处理的方法上加 @Async，注解时指定使用哪一个线程池处理器来进行异步处理。

```
@Async("bizExecutor")
void doSomething(String s) {
....
}
```

　　如上代码指定了方法 doSomething 使用名称为 bizExecutor 的线程池处理器来执行异步任务。

　　上面我们讲解的异步任务都是没有返回结果的，其实基于 @Async 注解的异步处理也是支持返回值的，但是返回值类型必须是 Future 或者其子类类型的，比如返回的 Future 类型可以是普通的 java.util.concurrent.Future 类型，也可以是 Spring 框架的 org.springframework.util.concurrent.ListenableFuture 类型，或者 JDK8 中的 java.util.concurrent.CompletableFuture 类型，又或者 Spring 中的 AsyncResult 类型等。这提供了异步执行的好处，以便调用者可以在调用 Future 上的 get() 之前处理其他任务。

　　如下代码展示了在 AsyncAnnotationExample 中，方法 doSomething 是如何在具有返回值的方法上使用注解 @Async 的。

```
@Async
public CompletableFuture<String> doSomething() {
    // 1.创建future
    CompletableFuture<String> result = new CompletableFuture<String>();
    // 2.模拟任务执行
    try {
        Thread.sleep(5000);
        System.out.println(Thread.currentThread().getName() +
"doSomething");
    } catch (Exception e) {
        e.printStackTrace();
    }
    result.complete("done");


    // 3.返回结果
    return result;
}
```

代码 1 创建了一个 CompletableFuture 类型的 Future 实例，代码 2 休眠 5s 模拟任务
执行，然后设置 Future 的执行结果，代码 3 则返回 Future 对象。

下面修改我们的测试代码对其进行测试，代码如下所示。

```java
public static void main(String arg[]) throws InterruptedException {
    // 1.创建容器上下文
    ClassPathXmlApplicationContext applicationContext = new
ClassPathXmlApplicationContext(
            new String[] { "beans-annotation.xml" });

    // 2．获取AsyncExecutorExample实例并调用打印方法
    System.out.println(Thread.currentThread().getName() + " begin ");
    AsyncAnnotationExample asyncCommentExample = applicationContext.
getBean(AsyncAnnotationExample.class);

    // 3.获取异步future并设置回调
    CompletableFuture<String> resultFuture = asyncCommentExample.
doSomething();
    resultFuture.whenComplete(new BiConsumer<String, Throwable>() {
        @Override
        public void accept(String t, Throwable u) {
            if (null == u) {
                System.out.println(Thread.currentThread().getName() + " "
+ t);
            } else {
                System.out.println("error:" + u.getLocalizedMessage());
            }

        }
    });

    System.out.println(Thread.currentThread().getName() + " end ");
}
```

代码 3 的 main 函数所在线程调用了 AsyncAnnotationExample 的 doSomething 方
法，该方法会马上返回一个 CompletableFuture，我们在其上设置了回调函数，之后
main 线程就退出了，最终 doSomething 方法内的代码就是使用处理器线程池中的线程
来执行的，并当执行完毕后回调我们设置的回调函数。

运行上面代码的输出如下所示。

```
main begin
main end
SimpleAsyncTaskExecutor-1doSomething
SimpleAsyncTaskExecutor-1 done
```

如上代码可知，doSomething 方法的执行是使用 SimpleAsyncTaskExecutor 线程池处理器来执行的，而不是 main 函数所在线程进行执行。

最后看看使用 @Async 注解遇到异常时该如何处理。当 @Async 方法具有 Future 类型返回值时，很容易管理在方法执行期间抛出的异常，因为会在调用 get 方法等待结果时抛出该异常。但是对于 void 返回类型来说，异常未被捕获且无法传输。这时候可以提供 AsyncUncaughtExceptionHandler 来处理该类异常。以下示例显示了如何执行该操作。

```
  public class MyAsyncUncaughtExceptionHandler implements
AsyncUncaughtExceptionHandler {

    @Override
      public void handleUncaughtException(Throwable ex, Method method,
Object... params) {
        // handle exception
    }
}
```

然后我们在 xml 里面配置即可：

```
    <task:annotation-driven
        exception-handler="myAsyncUncaughtExceptionHandler" />

    <bean id="myAsyncUncaughtExceptionHandler"
class="com.jiaduo.async.AsyncProgram.MyAsyncUncaughtExceptionHandler"></bean>
```

如上代码的 xml 配置首先创建了实例 myAsyncUncaughtExceptionHandler，然后将其设置到注解 annotation-driven 中，在异步任务中抛出异常时会在 MyAsyncUncaughtExceptionHandler 的 handleUncaughtException 方法中得到处理。

由上可知基于 @Async 注解实现异步执行的方式时，大大简化了我们异步编程的运算负担，我们不必再显式地创建线程池并把任务手动提交到线程池内，只要直接在需要异步执行的方法上添加 @Async 注解即可。当然，当我们需要使用自己的线程池来异步执行标注 @Async 的方法时，还是需要显式创建线程池的，但这时并不需要显式提交任务到线程池。

4.3　@Async 注解异步执行原理

在 Spring 中调用线程将在调用含有 @Async 注释的方法时立即返回，Spring 是如何做到的呢？其实是其对标注 @Async 注解的类做了代理，比如下面的类 Async-AnnotationExample。

```
public class AsyncAnnotationExample {
    @Async
    public CompletableFuture<String> doSomething() {

        // 1.创建future
        CompletableFuture<String> result = new CompletableFuture<String>();
        // 2.模拟任务执行
        try {
            Thread.sleep(1000);
            System.out.println(Thread.currentThread().getName() +
"doSomething");
        } catch (Exception e) {
            e.printStackTrace();
        }
        result.complete("done");

        // 3.返回结果
        return result;
    }
}
```

由于 AsyncAnnotationExample 类中方法 doSomething 被标注了 @Async 注解，所以 Spring 框架在开启异步处理后会对 AsyncAnnotationExample 的实例进行代理，代理后的类代码框架如下所示。

```
public class AsyncAnnotationExampleProxy {

    public AsyncAnnotationExample getAsyncTask() {
```

```
            return asyncTask;
        }

        public void setAsyncAnnotationExample(AsyncAnnotationExample asyncTask) {
            this.asyncTask = asyncTask;
        }

        private AsyncAnnotationExample asyncTask;
        private TaskExecutor executor = new SimpleAsyncTaskExecutor();
        public CompletableFuture<String> dosomthingAsyncFuture() {

            return CompletableFuture.supplyAsync(new Supplier<String>() {

                @Override
                public String get() {
                    try {
                        return asyncTask.dosomthing().get();
                    } catch (Throwable e) {
                        throw new CompletionException(e);
                    }
                }
            },executor);
        }
    }
```

如上代码所示,Spring 会对 AsyncAnnotationExample 类进行代理,并且会把
AsyncAnnotationExample 的实例注入 AsyncAnnotationExampleProxy 内部,当我们调
用 AsyncAnnotationExample 的 dosomthing 方法时,实际调用的是 AsyncAnnotation
ExampleProxy 的 dosomthing 方法,后者使用 CompletableFuture.supplyAsync 开启了一个异步
任务(其马上返回一个 CompletableFuture 对象),并且使用默认的 SimpleAsync TaskExecutor
线程池作为异步处理线程,然后在异步任务内具体调用了 AsyncAnnotationExample 实
例的 dosomthing 方法。

默认情况下,Spring 框架是使用 Cglib 对标注 @Async 注解的方法进行代理的,具
体拦截器是 AnnotationAsyncExecutionInterceptor,我们看看其 invoke 方法。

```
public Object invoke(final MethodInvocation invocation) throws Throwable {
    //1.被代理的目标对象
    Class<?> targetClass = (invocation.getThis() != null ? AopUtils.
getTargetClass(invocation.getThis()) : null);
```

```
    //2. 获取被代理的方法
    Method specificMethod = ClassUtils.getMostSpecificMethod(invocation.
getMethod(), targetClass);
    final Method userDeclaredMethod = BridgeMethodResolver.findBridgedMethod(
specificMethod);
    //3. 判断使用哪个执行器执行被代理的方法
    AsyncTaskExecutor executor = determineAsyncExecutor(userDeclaredMethod);
    if (executor == null) {
        throw new IllegalStateException(
                "No executor specified and no default executor set on
AsyncExecutionInterceptor either");
    }
    //4. 使用Callable包装要执行的方法
    Callable<Object> task = () -> {
        try {
            Object result = invocation.proceed();
            if (result instanceof Future) {
                return ((Future<?>) result).get();
            }
        }
        catch (ExecutionException ex) {
                handleError(ex.getCause(), userDeclaredMethod, invocation.
getArguments());
        }
        catch (Throwable ex) {
            handleError(ex, userDeclaredMethod, invocation.getArguments());
        }
        return null;
    };
    //5. 提交包装的Callable任务到指定执行器执行
    return doSubmit(task, executor, invocation.getMethod().getReturnType());
}
```

- 代码 1 获取被代理的目标对象的 Class 对象，本例中为 class:com.jiaduo.async. AsyncProgram.AsyncAnnotationExample 的 Class 对象；

- 代码 2 获取被代理的方法，本例中为 public java.util.concurrent.CompletableFuture: com.jiaduo.async.AsyncProgram.AsyncAnnotationExample.dosomthing()；

- 代码 3 根据规则获取使用哪个执行器 TaskExecutor 执行被代理的方法，其代码 如下所示。

```
private final Map<Method, AsyncTaskExecutor> executors = new
```

```
ConcurrentHashMap<>(16);
protected AsyncTaskExecutor determineAsyncExecutor(Method method) {
    //4.1获取对应方法的执行器
    AsyncTaskExecutor executor = this.executors.get(method);
    //4.2不存在则按照规则查找
    if (executor == null) {
        //4.2.1 如果注解@Async中指定了执行器名称
        Executor targetExecutor;
        String qualifier = getExecutorQualifier(method);
        if (StringUtils.hasLength(qualifier)) {
            targetExecutor = findQualifiedExecutor(this.beanFactory,
qualifier);
        }
        //4.2.2 获取默认执行器
        else {
            targetExecutor = this.defaultExecutor;
            if (targetExecutor == null) {
                synchronized (this.executors) {
                    if (this.defaultExecutor == null) {
                        this.defaultExecutor = getDefaultExecutor(this.
beanFactory);
                    }
                    targetExecutor = this.defaultExecutor;
                }
            }
        }
        //4.2.3
        if (targetExecutor == null) {
            return null;
        }
        //4.2.4 添加执行器到缓存
        executor = (targetExecutor instanceof AsyncListenableTaskExecutor ?
                (AsyncListenableTaskExecutor) targetExecutor : new TaskExecut
orAdapter(targetExecutor));
        this.executors.put(method, executor);
    }
    //4.3返回查找的执行器
    return executor;
}
```

代码 4.1 从缓存 executors 中尝试获取 method 方法对应的执行器，如果存在则直接执行代码 4.3 返回；否则执行代码 4.2.1 判断方法的注解 @Async 中是否指定了执行器名称，如果有则尝试从 Spring 的 bean 工厂内获取该名称的执行器的实例，否则执行代

码 4.2.2 获取默认的执行器（SimpleAsyncTaskExecutor），然后代码 4.2.4 把执行器放入
缓存。

到这里就探讨完成了 AnnotationAsyncExecutionInterceptor 的 invoke 方法内代码 3
是如何确定那个执行器，然后在 invoke 方法中的代码 4 使用 Callable 包装要执行的方
法，代码 5 提交包装的 Callable 任务到指定执行器。

到这里所有的执行使用的都是调用线程，调用线程提交异步任务到执行器后就返
回了，异步任务真正执行的是具体执行器中的线程。下面我们看看代码 5 doSubmit 的
代码。

```
protected Object doSubmit(Callable<Object> task, AsyncTaskExecutor executor,
Class<?> returnType) {
    //5.1判断方法返回值是否为CompletableFuture类型或者是其子类
    if (CompletableFuture.class.isAssignableFrom(returnType)) {
        return CompletableFuture.supplyAsync(() -> {
            try {
                return task.call();
            }
            catch (Throwable ex) {
                throw new CompletionException(ex);
            }
        }, executor);
    }
    //5.2判断返回值类型是否为ListenableFuture类型或者是其子类
    else if (ListenableFuture.class.isAssignableFrom(returnType)) {
        return ((AsyncListenableTaskExecutor) executor).
submitListenable(task);
    }
    //5.3判断返回值类型是否为ListenableFuture类型或者是其子类
    else if (Future.class.isAssignableFrom(returnType)) {
        return executor.submit(task);
    }
    //5.4其他情况下没有返回值
    else {
        executor.submit(task);
        return null;
    }
}
```

- 代码 5.1 判断方法返回值是否为 CompletableFuture 类型或者是其子类，如果是

则把任务使用 CompletableFuture.supplyAsync 方法提交到线程池 executor 执行,
该方法会马上返回一个 CompletableFuture 对象。

- 代码 5.2 判断方法返回值是否为 ListenableFuture 类型或者是其子类,如果是则
  把任务提交到线程池 executor 执行,该方法会马上返回一个 ListenableFuture
  对象。

- 代码 5.3 判断方法返回值是否为 Future 类型或者是其子类,如果是则把任务提
  交到线程池 executor 执行,该方法会马上返回一个 Future 对象。

- 代码 5.4 说明方法不需要返回值,直接提交任务到线程池 executor 后返回 null。

上面我们讲解了代理拦截器 AnnotationAsyncExecutionInterceptor 的 invoke 方法如
何对标注 @Async 的方法进行处理,实现异步执行的。其实还有一部分还没讲,前面说
了要开始异步处理,必须使用 @EnableAsync 注解或者 <task:annotation-driven/> 来开启
异步处理,那么这两个部分背后到底做了什么呢?下面我们就来一探究竟。

首先我们看看添加 @EnableAsync 注解后发生了什么?在 Spring 容器启动的过
程中会有一系列扩展接口对 Bean 的元数据定义、初始化、实例化做拦截处理,也存
在一些处理器类可以动态地向 Spring 容器添加一些框架需要使用的 Bean 实例。其
中 ConfigurationClassPostProcessor 处理器类则是用来解析注解类,并把其注册到
Spring 容器中的,其可以解析标注 @Configuration、@Component、@ComponentScan、
@Import、@ImportResource 等的 Bean。当我们使用 <context:annotation-config/> 或者
<context:component-scan/> 时,Spring 容器会默认把 ConfigurationClassPostProcessor 处
理器注入 Spring 容器。

而 @EnableAsync 的定义如下:

```
@Target(ElementType.TYPE)
@Retention(RetentionPolicy.RUNTIME)
@Documented
@Import(AsyncConfigurationSelector.class)
public @interface EnableAsync {
...
}
```

所以我们添加了 @EnableAsync 注解后，ConfigurationClassPostProcessor 会解析其中的 @Import(AsyncConfigurationSelector.class)，并把 AsyncConfigurationSelector 的实例注入 Spring 容器，其代码如下所示。

```
public class AsyncConfigurationSelector extends AdviceModeImportSelector<Enab
leAsync> {
    private static final String ASYNC_EXECUTION_ASPECT_CONFIGURATION_CLASS_
NAME =
            "org.springframework.scheduling.aspectj.
AspectJAsyncConfiguration";

    @Override
    @Nullable
    public String[] selectImports(AdviceMode adviceMode) {
        switch (adviceMode) {
            case PROXY:
                return new String[] {ProxyAsyncConfiguration.class.
getName()};
            case ASPECTJ:
                return new String[] {ASYNC_EXECUTION_ASPECT_CONFIGURATION_
CLASS_NAME};
            default:
                return null;
        }
    }
}
```

AsyncConfigurationSelector 实现了 ImportSelector 接口的 selectImports 方法，根据 AdviceMode 参数返回需要导入到 Spring 容器的 Bean 的全路径包名。该方法会在 ConfigurationClassPostProcessor 中的 ConfigurationClassParser 类中调用。默认情况下的 adviceMode 为 PROXY，所以会把 ProxyAsyncConfiguration 的实例注入 Spring 容器。

ProxyAsyncConfiguration 的代码如下所示。

```
@Configuration
@Role(BeanDefinition.ROLE_INFRASTRUCTURE)
public class ProxyAsyncConfiguration extends AbstractAsyncConfiguration {

    @Bean(name = TaskManagementConfigUtils.ASYNC_ANNOTATION_PROCESSOR_BEAN_
```

```
NAME)
    @Role(BeanDefinition.ROLE_INFRASTRUCTURE)
    public AsyncAnnotationBeanPostProcessor asyncAdvisor() {
        Assert.notNull(this.enableAsync, "@EnableAsync annotation metadata
was not injected");
        AsyncAnnotationBeanPostProcessor bpp = new AsyncAnnotationBeanPostPro
cessor();
        bpp.configure(this.executor, this.exceptionHandler);
        Class<? extends Annotation> customAsyncAnnotation = this.enableAsync.
getClass("annotation");
        if (customAsyncAnnotation != AnnotationUtils.
getDefaultValue(EnableAsync.class, "annotation")) {
            bpp.setAsyncAnnotationType(customAsyncAnnotation);
        }
        bpp.setProxyTargetClass(this.enableAsync.getBoolean("proxyTarget
Class"));
        bpp.setOrder(this.enableAsync.<Integer>getNumber("order"));
        return bpp;
    }

}
```

如上代码 ProxyAsyncConfiguration 的 asyncAdvisor 方法添加了 @Bean 注解，所以该方法返回的 Bean 也会被注入 Spring 容器。该方法创建了 AsyncAnnotationBeanPostProcessor 处理器，所以 AsyncAnnotationBeanPostProcessor 的一个实例会被注入 Spring 容器中，由于其实现了 BeanFactoryAware 接口，所以 Spring 框架会调用其 setBeanFactory(BeanFactory beanFactory) 方法把 Spring BeanFactory(存放 bean 的容器) 注入该 Bean，setBeanFactory 方法代码如下所示。

```
public void setBeanFactory(BeanFactory beanFactory) {
    super.setBeanFactory(beanFactory);

        AsyncAnnotationAdvisor advisor = new AsyncAnnotationAdvisor(this.
executor, this.exceptionHandler);
    if (this.asyncAnnotationType != null) {
        advisor.setAsyncAnnotationType(this.asyncAnnotationType);
    }
    advisor.setBeanFactory(beanFactory);
    this.advisor = advisor;
}
```

如上代码创建了一个 AsyncAnnotationAdvisor 的实例并保存到了 AsyncAnnotation BeanPostProcessor 的 advisor 变量。Spring 中每个 AsyncAnnotationAdvisor 都包含一个 Advice（切面逻辑）和一个 PointCut（切点），也就是会对符合 PointCut 的方法使用 Advice 进行功能增强，对应 Advice 和 PointCut 是在 AsyncAnnotationAdvisor 构造函数内创建的。

```
public AsyncAnnotationAdvisor(
        @Nullable Supplier<Executor> executor, @Nullable Supplier<AsyncUncaug
htExceptionHandler> exceptionHandler) {

    //6.1.异步注解类型
    Set<Class<? extends Annotation>> asyncAnnotationTypes = new
LinkedHashSet<>(2);
    asyncAnnotationTypes.add(Async.class);
    try {
        asyncAnnotationTypes.add((Class<? extends Annotation>)
                ClassUtils.forName("javax.ejb.Asynchronous",
AsyncAnnotationAdvisor.class.getClassLoader()));
    }
    catch (ClassNotFoundException ex) {
    }
    //6.2创建切面逻辑
    this.advice = buildAdvice(executor, exceptionHandler);
    //6.3创建切点
    this.pointcut = buildPointcut(asyncAnnotationTypes);
}
```

如上代码 6.1 收集注解 @Async 和 @javax.ejb.Asynchronous 到 asyncAnnotationTypes，代码 6.2 则创建 Advice，其代码如下所示。

```
protected Advice buildAdvice(
        @Nullable Supplier<Executor> executor, @Nullable Supplier<AsyncUn
caughtExceptionHandler> exceptionHandler) {

    AnnotationAsyncExecutionInterceptor interceptor = new AnnotationAsync
ExecutionInterceptor(null);
    interceptor.configure(executor, exceptionHandler);
    return interceptor;
}
```

由上述代码可知，这里创建了 AnnotationAsyncExecutionInterceptor 拦截器作为切

面逻辑。下面看看代码 6.3 如何创建切点。

```
protected Pointcut buildPointcut(Set<Class<? extends Annotation>>
asyncAnnotationTypes) {
    ComposablePointcut result = null;
    for (Class<? extends Annotation> asyncAnnotationType :
    asyncAnnotationTypes) {
        Pointcut cpc = new AnnotationMatchingPointcut(asyncAnnotationType,
    true);
        Pointcut mpc = new AnnotationMatchingPointcut(null,
    asyncAnnotationType, true);
        if (result == null) {
            result = new ComposablePointcut(cpc);
        }
        else {
            result.union(cpc);
        }
        result = result.union(mpc);
    }
    return (result != null ? result : Pointcut.TRUE);
}
```

在上述代码中使用收集的注解集合 asyncAnnotationTypes，并在每个注解处创建
了一个 AnnotationMatchingPointcut 作为切点，AnnotationMatchingPointcut 内部的
AnnotationClassFilter 的方法 matches 则作为某个方法是否满足切点的条件，具体代码
如下所示。

```
public boolean matches(Class<?> clazz) {
    return (this.checkInherited ? AnnotatedElementUtils.
hasAnnotation(clazz, this.annotationType) :
            clazz.isAnnotationPresent(this.annotationType));
    }
```

由如上代码可知，判断方法通过是否有注解 @Async 为依据来判断方法是否符合
切点。

到此我们把 AsyncAnnotationBeanPostProcessor 的 setBeanFactory(BeanFactory bean-
Factory) 方法逻辑讲解完毕了，其内部保存了一个 AsyncAnnotationAdvisor 对象用
来对 Spring 容器中符合条件（这里为含有 @Async 注解的方法的 Bean）的 Bean 的
方法进行功能增强，下面我们看看 AsyncAnnotationBeanPostProcessor 的 postProcess

AfterInitialization 方法是如何对这些符合条件的 Bean 进行代理的。

```
public Object postProcessAfterInitialization(Object bean, String beanName) {
    ...

    if (isEligible(bean, beanName)) {
        //7.1
        ProxyFactory proxyFactory = prepareProxyFactory(bean, beanName);
        if (!proxyFactory.isProxyTargetClass()) {
            evaluateProxyInterfaces(bean.getClass(), proxyFactory);
        }
        //7.2 设置拦截器
        proxyFactory.addAdvisor(this.advisor);
        customizeProxyFactory(proxyFactory);
        //7.3 获取代理类
        return proxyFactory.getProxy(getProxyClassLoader());
    }

    // No proxy needed.
    return bean;
}
```

如上代码 7.1 使用 prepareProxyFactory 创建了代理工厂，其代码如下所示。

```
protected ProxyFactory prepareProxyFactory(Object bean, String beanName) {
    ProxyFactory proxyFactory = new ProxyFactory();
    proxyFactory.copyFrom(this);
    proxyFactory.setTarget(bean);
    return proxyFactory;
}
```

代码 7.2 则设置在其 setBeanFactory 方法内创建的 AsyncAnnotationAdvisor 对象作为 Advisor，代码 7.3 从代理工厂获取代理后的 Bean 实例并返回到 Spring 容器，所以当我们调用含有 @Async 注解的 Bean 的方法时候，实际调用的是被代理后的 Bean。

当我们调用被代理的类的方法时，代理类内部会先使用 AsyncAnnotationAdvisor 中的 PointCut 进行比较，看其是否符合切点条件（方法是否含有 @Async）注解，如果不符合则直接调用被代理的对象的原生方法，否则调用 AsyncAnnotationAdvisor 内部的 AnnotationAsyncExecutionInterceptor 进行拦截异步处理。

在了解添加 @EnableAsync 注解后会发生什么后，下面我们来看看当添加标签

<task:annotation-driven/> 开启异步处理时，背后又发生了什么？在 Spring 中对于标签 <XXX:/> 总是会存在名称为 XXXTaskNamespaceHandler 的处理器负责该标签的解析，所以对于 <task:annotation-driven/> 标签，自然存在 TaskNamespaceHandler 处理器负责其解析，其代码如下所示。

```
public class TaskNamespaceHandler extends NamespaceHandlerSupport {
    @Override
    public void init() {
        this.registerBeanDefinitionParser("annotation-driven", new Annotation
DrivenBeanDefinitionParser());
        this.registerBeanDefinitionParser("executor", new ExecutorBeanDefinit
ionParser());
        this.registerBeanDefinitionParser("scheduled-tasks", new ScheduledTas
ksBeanDefinitionParser());
        this.registerBeanDefinitionParser("scheduler", new SchedulerBeanDefin
itionParser());
    }
}
```

由如上代码可知，<task:annotation-driven/> 是使用 AnnotationDrivenBeanDefinition Parser 来进行解析的，下面我们看看其 parse 方法。

```
public class AnnotationDrivenBeanDefinitionParser implements
BeanDefinitionParser {
...
    @Override
    @Nullable
    public BeanDefinition parse(Element element, ParserContext parserContext)
{
        Object source = parserContext.extractSource(element);

        ...
        //8.1
        String mode = element.getAttribute("mode");
        if ("aspectj".equals(mode)) {
            // mode="aspectj"
            registerAsyncExecutionAspect(element, parserContext);
        }
        else {
            //8.2 mode="proxy"
            if (registry.containsBeanDefinition(TaskManagementConfigUtils.
ASYNC_ANNOTATION_PROCESSOR_BEAN_NAME)) {
```

```
                    parserContext.getReaderContext().error(
                        "Only one AsyncAnnotationBeanPostProcessor may exist
within the context.", source);
            }
            else {
                BeanDefinitionBuilder builder = BeanDefinitionBuilder.
genericBeanDefinition(
                    "org.springframework.scheduling.annotation.AsyncAnnot
ationBeanPostProcessor");
                builder.getRawBeanDefinition().setSource(source);
                String executor = element.getAttribute("executor");
                if (StringUtils.hasText(executor)) {
                    builder.addPropertyReference("executor", executor);
                }
                String exceptionHandler = element.getAttribute("exception-
handler");
                if (StringUtils.hasText(exceptionHandler)) {
                    builder.addPropertyReference("exceptionHandler",
exceptionHandler);
                }
                if (Boolean.valueOf(element.getAttribute(AopNamespaceUtils.
PROXY_TARGET_CLASS_ATTRIBUTE))) {
                    builder.addPropertyValue("proxyTargetClass", true);
                }
                registerPostProcessor(parserContext, builder,
TaskManagementConfigUtils.ASYNC_ANNOTATION_PROCESSOR_BEAN_NAME);
            }
        }


        //8.3 Finally register the composite component.
        parserContext.popAndRegisterContainingComponent();

        return null;
    }
}
```

由如上代码可知，其主要是用来创建 AsyncAnnotationBeanPostProcessor 在 Spring 容
器中的元数据定义，并注册到 Spring 容器中，剩下的流程就与基于 @EnableAsync 注解
开启异步处理的流程一样了。

4.4　总结

本章我们讲解了如何使用 Spring 框架中的 @Async 进行异步处理，以及其内部如何使用代理的方式来实现，并且可知使用 @Async 实现异步编程属于声明式编程，一般情况下不需要我们显式创建线程池并提交任务到线程池，这大大减轻了编程者的负担。希望读者可以自己翻看代码进行更深层的研究。

基于反应式编程实现异步编程

本章主要讲解如何使用反应式编程实现异步编程，其包含了什么是反应式编程，为何需要反应式编程，反应式编程特点与价值是什么，以及如何基于反应式编程实现库 RxJava 与 Reactor 实现异步编程。

5.1　反应式编程概述

首先我们看下维基百科对反应式编程的定义：

反应式编程（Reactive Programming）是一种涉及数据流和变化传播的异步编程范式。这意味着可以通过所采用的编程语言轻松地表达静态（例如阵列）或动态（例如事件发射器）数据流。

例如在命令式编程方式中表达式 a = b + c，意思是把变量 b 和变量 c 的值相加后赋值给变量 a，之后即使变量 b 或者变量 c 的值发生了变化，对变量 a 的值也没影响。而在反应式编程中，变量 a 的值则会随着变量 b 和变量 c 的改变而自动改变，这和我们在 Excel 表格中使用加法公式类似，当我们修改参与计算的加数的值时，Excel 会自动帮我们更新计算和。

　　根据反应式宣言所述，使用反应式方式构建的反应式系统会更加灵活、松耦合、可伸缩。这使得系统的开发更简单，能更轻易地应对系统功能的改动。反应式方式构建的系统对系统的失败情况也更有包容性，当失败确实发生时，它们的应对方案会是比较优雅得体而非混乱不可预知的。反应式系统具有很高的即时响应性，为用户提供了高效的交互反馈。

　　根据反应式宣言所述，使用反应式编程构建的反应式系统具有如下特征。

- 即时响应性（Responsive）：只要有可能，系统就会及时地做出响应。即时响应是可用性和实用性的基石，并且即时响应意味着可以快速地检测到问题并且可以有效地对其进行处理。即时响应的系统专注于提供快速而一致的响应时间，确立可靠的反馈上限，以提供一致的服务质量。这种一致的行为反过来简化了错误处理，建立了用户使用的信心，并鼓励用户进一步与系统进行交互。

- 回弹性（Resilient）：系统在面临失败时仍然保持即时响应性。这不仅适用于高可用的、任务关键型系统——任何不具备回弹性的系统都将会在发生失败之后丧失系统的即时响应性。 回弹性是通过复制、遏制、隔离以及委托来实现的。失败被包含在每个组件中，将组件彼此进行隔离，从而确保系统的某些组件可以在不损害整个系统的情况下发生故障和进行恢复。每个组件的恢复委派给另一个（外部）组件，并在必要时通过复制确保高可用性。所以故障的组件本身不会负责处理其故障。

- 弹性（Elastic）：系统在不断变化的工作负载下仍保持即时响应性。反应式系统可以通过增加或减少分配用于服务这些输入的资源来对输入速率的变化做出反应。这意味着设计上并没有并发争用点和中心瓶颈，从而能够分片或复制组件，并在它们之间分配输入。反应式系统通过提供相关的实时性能指标来支持预测和反应式伸缩算法，以便在商用硬件和软件平台上以经济有效的方式实现弹性。

- 消息驱动（Message Driven）：反应式系统依靠异步消息传递在组件之间建立边界，以确保松散耦合、隔离和位置透明性，该边界还提供将故障委派为消息投递出去的方法。使用显式的消息传递，可以通过在系统中构造并监视消息流队列，并在必要时应用回压来实现负载管理、弹性以及流量控制。使用位置透明的消息传递作为通信的手段，使得跨集群或者在单个主机中使用相同的结构和语义来管理失败成为可能。非阻塞通信允许接收者仅在有活动时才消耗资源，从而减少系统开销。

最后可以用图 5-1 来概括反应式编程的价值（VALUE）、形式 (FORM)、实现手段（MEANS）。

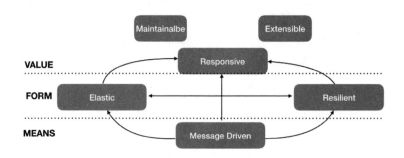

图 5-1　反应式编程的构成

反应式编程是一种编程理念，作为反应式编程理念实施的第一步，Microsoft 在 .NET 生态系统中创建了 Reactive Extensions（Rx）库，然后 RxJava 在 JVM 上实现了 Java 版本的 Reactive Extensions（Rx）库；但是 Rx.Net 与 RxJava 的实现并没有遵守一样的规范。为了统一 Java 中反应式编程规范，后来通过 Reactive Streams 工作出现了 Java 的标准化，这一规范定义了在 JVM 上实现的反应库必须遵守的一组接口和交互规则，RxJava 最新版也逐渐向该规范靠拢，在 Java 中该规范的实现有 RxJava 与 Reactor 库，由于 RxJava 和 Reactor 库遵循了同一个规范，所以可以很轻易地从一方切换到另一方。

首先我们来考虑，为什么需要这样的异步反应式编程库？

在 Java 8 中引入了 Stream，它旨在有效地处理数据流（包括原始类型），这些数据流可以在没有延迟或很少延迟的情况下访问。它是基于拉的，并且只能使用一次，缺少与时间相关的操作，虽然可以执行并行计算（基于 ForkJoinPool.commonPool()），但无法指定使用业务本身的线程池。另外它也还没有设计用于处理延迟的操作，例如 I/O 操作。其不支持的特性就是 Reactor 或 RxJava 等 Reactive API 的用武之地。

反应式编程 API 也提供 Java 8 Stream 等运算符，但它们更适用于任何流序列（不仅仅是集合），并允许定义一个转换操作的管道，该管道将应用于通过它的数据，这要归功于方便的流畅 API 和使用 Lambdas。它们旨在处理同步或异步操作，并允许缓冲（buffer）、合并（merge）、连接（join）或对数据应用各种转换（例如 map 等操作符）。

另外现代应用程序可以支持大量并发用户，即使现代硬件的功能不断提高，现代软件的性能仍然是一个关键问题。

人们可以通过如下两种方式来提高系统的能力。

- 并行化：使用更多线程和更多的硬件资源。
- 在现有资源的使用方式上寻求更高的效率。

通常，Java 开发人员使用阻塞代码编写程序。这种做法很好，直到出现了性能瓶颈，此时需要引入额外的线程。但是，资源利用率的这种扩展很快就会引入争用和并发问题。

更糟糕的是，这种方式会导致资源浪费。一旦程序涉及一些延迟（特别是 I/O，例如数据库请求或网络调用），资源就会被浪费，这是因为调用线程（或许多线程）现在处于同步阻塞等待资源状态。

所以并行化方法不是灵丹妙药，获得硬件的全部功能才是必要的。

第二种方法，寻求现有资源更高的使用率，可以解决资源浪费问题。通过编写异步、非阻塞代码，你就可以使用相同的底层资源将执行切换到另一个活动任务，然后在异步处理完成后返回到当前线程继续进行处理。

但是如何在 JVM 上编写异步代码？ Java 提供了如下两种异步编程模型。

- CallBacks：异步方法没有返回值，但需要额外的回调函数（Lambda 或匿名类），在结果可用时调用它们。
- Futures：异步方法立即返回 Future，异步线程计算任务，并当结果计算出来后设置到 Future。

但是上面两种方法都有局限性，首先多个 Callback 难以组合在一起，这将会很快导致代码难以阅读和维护（称为"Callback Hell"）。Future 相比 Callback 要好一些，尽管 CompletableFuture 在 Java 8 上进行了改进，但它们仍然表现不佳。一起编排多个 Future 是可行的但不容易，并且它们不支持延迟计算（比如 RxJava 中的 defer 操作）和高级错误处理。

首先本文通过 Spring5 官网的一个例子来体验下使用 CallBack 异步编程的弊端，以及使用 Reactive 异步编程带来的好处。考虑下面一个例子，在用户的 UI 上展示用户喜欢的 top 5 的商品的详细信息，如果不存在的话则调用推荐服务获取 5 个。这个功能的实现需要 3 个服务接口支持：

- 第一个是根据用户 id 获取用户喜欢的 top5 的商品的 id 接口（userService.get Favorites）。
- 第二个是根据商品 id 获取商品详情信息接口（favoriteService.getDetails）。
- 第三个是一个根据大数据来推算用户喜爱的商品详情的服务（suggestionService. getSuggestions）。

如果基于 callback 方式实现功能，可能的代码如下所示。

```
userService.getFavorites(userId, new Callback<List<String>>() { //1
  public void onSuccess(List<String> list) { //2
    if (list.isEmpty()) { //3
      suggestionService.getSuggestions(new Callback<List<Favorite>>() {//4
        public void onSuccess(List<Favorite> list) {
          UiUtils.submitOnUiThread(() -> { //5
            list.stream()
                .limit(5)
                .forEach(uiList::show); //6
          });
        }

        public void onError(Throwable error) { //7
          UiUtils.errorPopup(error);
        }
      });
    } else {
      list.stream() //8
```

```
        .limit(5)
        .forEach(favId -> favoriteService.getDetails(favId, //9
         new Callback<Favorite>() {
           public void onSuccess(Favorite details) {//10
             UiUtils.submitOnUiThread(() -> uiList.show(details));
           }

           public void onError(Throwable error) {//11
             UiUtils.errorPopup(error);
           }
         }
       ));
     }
  }

  public void onError(Throwable error) {
    UiUtils.errorPopup(error);
  }
});
```

- 这三个服务接口都是基于 callback 的，当具体请求结果回来后会异步调用注册的 callback 函数（一般是在一个公共线程池，例如 ForkJoinPool 或者用户自定义线程池内执行 callback），如果请求结果正常则会调用 callback 的 onSuccess 方法，如果异常则调用 onError 方法。

- 代码 1 中调用了 userService.getFavorites 接口来获取用户 userId 的推荐商品 id 列表，如果获取结果正常则会调用代码 2，如果失败则会调用代码 7，通知用户 UI 错误信息。

- 如果正常则会执行代码 3 判断推荐商品 id 列表是否为空，如果为空则执行代码 4 调用推荐服务（suggestionService.getSuggestions），如果获取推荐商品详情失败则执行代码 7 执行 callback 的 onError 把错误信息显示到用户 UI 处。否则如果成功则执行代码 5 切换线程到 UI 线程，在获取的商品详情列表上施加 jdk8 stream 运算使用 limit 获取 5 个元素然后显示到 UI 上（这个过程是 UI 线程来做的）。

- 代码 3 如果判断用户推荐商品 id 列表不为空则执行代码 8，在商品 id 列表上使用 JDK9 stream 获取流，然后使用 limit 获取 5 个元素，之后执行代码 9 调用 favoriteService.getDetails 服务获取具体商品的详情，这里多个 id 获取详情是并发进行的（因为 favoriteService.getDetails 是异步的），当获取详情成功后会执行代码 10 在 UI 线程上绘制出商品详情信息，如果失败则执行代码 11 显示错误。

如上代码基于 callback 的实现代码的可读性较差，并且会出现代码冗余，下面看看基于 Reactor 反应式库实现上面功能，基于 Reactor 的改造需要让上面 3 个接口返回值都修改为 Flux（其是 Reactor 中的流对象，可以包含多个元素的流对象，类似于 RxJava 中的 Flowable 对象），可以在 Flux 上施加不同的操作符，代码如下所示。

```
userService.getFavorites(userId) //1
        .flatMap(favoriteService::getDetails) //2
        .switchIfEmpty(suggestionService.getSuggestions()) //3
        .take(5) //4
        .publishOn(UiUtils.uiThreadScheduler()) //5
        .subscribe(uiList::show, UiUtils::errorPopup); //6
```

- 代码 1 调用 getFavorites 服务获取 userId 对应的商品列表，该方法会马上返回一个流对象，然后代码 2 在流上施加 flatMap 运算把每个商品 id 转换为商品 id 对应的商品详情信息（通过调用服务 favoriteService::getDetails），之后把所有商品详情信息组成新的流返回。
- 代码 3 判断如果返回的流中没有元素则调用推荐服务 suggestionService. getSuggestions() 获取推荐的商品详情列表，代码 4 从代码 2 或代码 3 返回的流中获取 5 个元素（5 个商品详细信息），然后执行代码 5，publishOn 把当前线程切换到 UI 调度器来执行，走到这里的时候其实流还没有流动，代码 6 通过 subscribe 的方法激活整个流处理链，然后在 UI 线程上绘制商品详情列表或者显示错误。

由如上代码可知，基于 Reactor 编写的代码逻辑属于声明式编程，比较通俗易懂，代码量也比较少，并且不含重复代码。

Future 相比 callback 要好一些，但尽管 CompletableFuture 在 Java 8 上进行了改进，但它们仍然表现不佳。一起编排多个 Future 是可行的但是不容易，并且它们不支持延迟计算（比如 RxJava 中的 defer 操作）和高级错误处理。考虑另外一个例子：首先我们获取一个 id 列表，然后根据 id 分别获取对应的 name 和统计数据，然后组合每个

id 对应的 name 和统计数据为一个新的数据，最后输出所有组合对的值，下面我们使用
CompletableFuture 来实现这个功能，以便保证整个过程是异步的。

```
CompletableFuture<List<String>> ids = ifhIds(); //1

CompletableFuture<List<String>> result = ids.thenComposeAsync(l -> { //2
  Stream<CompletableFuture<String>> zip =
      l.stream().map(i -> { //3
        CompletableFuture<String> nameTask = ifhName(i); //3.1
        CompletableFuture<Integer> statTask = ifhStat(i); //3.2

        return nameTask.thenCombineAsync(statTask, (name, stat) -> "Name " +
name + " has stats " + stat); //3.3
      });
  List<CompletableFuture<String>> combinationList = zip.collect(Collectors.
toList()); //4
  CompletableFuture<String>[] combinationArray = combinationList.toArray(new
CompletableFuture[combinationList.size()]);//5

  CompletableFuture<Void> allDone = CompletableFuture.
allOf(combinationArray); //6
  return allDone.thenApply(v -> combinationList.stream()//7
      .map(CompletableFuture::join)
      .collect(Collectors.toList()));
});

List<String> results = result.join(); //8
```

- 代码 1 调用了 ifhIds 方法异步返回了一个 CompletableFuture 对象，其内部保存
  了 id 列表。
- 代码 2 调用 ids 的 thenComposeAsync 方法返回一个新的 CompletableFuture 对
  象，新 CompletableFuture 对象的数据是代码 2 中的 lambda 表达式执行结果，
  表达式内代码 3 获取 id 列表的流对象，然后使用 map 操作把 id 元素转换为
  name 与统计信息拼接的字符串，这里是通过代码 3.1 根据 id 获取 name 对应的
  CompletableFuture 对象，代码 3.2 获取统计信息对应的 CompletableFuture，然
  后使用代码 3.3 把两个 CompletableFuture 对象进行合并。
- 代码 3 会返回一个流对象，其中元素是所有 id 对应的 name 与统计信息组合后
  的结果，代码 4 把流中元素收集保存到了 combinationList 列表中。代码 5 把列

表转换为了数组,这是因为代码 2 的 allOf 操作符的参数必须为数组。

- 代码 6 把 combinationList 列表中的所有 CompletableFuture 对象转换为了一个 allDone(等所有 CompletableFuture 对象的任务执行完毕),到这里我们调用 allDone 的 get() 方法就可以等待所有异步处理执行完毕,但是我们的目的是获取到所有异步任务的执行结果,所以代码 7 在 allDone 上施加了 thenApply 运算,意在等所有任务处理完毕后调用所有 CompletableFuture 的 join 方法获取每个任务的执行结果,然后收集为列表后返回一个新的 CompletableFuture 对象,之后代码 8 在新的 CompletableFuture 上调用 join 方法获取所有执行结果列表。

Reactor 本身提供了更多的开箱即用的操作符,使用 Reactor 来实现上面功能的代码如下所示。

```
Flux<String> ids = ifhrIds(); //1

Flux<String> combinations =
    ids.flatMap(id -> { //2
      Mono<String> nameTask = ifhrName(id); //2.1
      Mono<Integer> statTask = ifhrStat(id); //2.2

      return nameTask.zipWith(statTask, //2.3
          (name, stat) -> "Name " + name + " has stats " + stat);
    });

Mono<List<String>> result = combinations.collectList(); //3

List<String> results = result.block(); //4
```

- 代码 1 调用 ifhIds 方法异步返回了一个 Flux 对象,其内部保存了 id 列表。
- 代码 2 调用 ids 的 flatMap 方法对其中的元素进行转换,代码 2.1 根据 id 获取 name 信息(返回流对象 Mono),代码 2.2 根据 id 获取统计信息 (返回流对象 Mono),代码 3 结合两个流为新的流元素。
- 代码 3 调用新流的 collectList 方法把所有的流对象转换为列表,然后返回一个新的 Mono 流对象。
- 代码 4 则调用新的 Mono 流对象的 block 方法阻塞获取所有的执行结果。

如上代码使用 Reactor 方式编写的代码相比使用 CompletableFuture 实现相同功能

来说，更简洁和通俗易懂。

由上可知，Reactive 编程思想实现的反应式库（例如 reactor、rxjava）旨在解决 JVM 上"经典"异步编程方法的这些缺点，并且其同时还关注一些其他方面：

- 代码的可组合性和可读性。
- 数据作为一个用丰富的运算符词汇表操纵的流程。
- 在订阅之前没有任何事情发生。
- 回压或消费者向生产者发出信号表明发射元素过快的能力。
- 高级但高价值的抽象，与并发无关。

其中可组合性指的是编排多个异步任务的能力，比如使用先前任务的结果作为后续任务的输入或以 fork-join 方式执行多个任务。

编排任务的能力与代码的可读性和可维护性紧密相关。随着异步过程层数量和复杂性的增加，能够编写和读取代码变得越来越困难。正如我们所看到的，Callback 模型很简单，但其主要缺点之一是，对于复杂的处理，你需要从回调执行回调，本身嵌套在另一个回调中，依此类推，这个混乱被称为 Callback Hell，这样的代码很难回归并推理业务执行逻辑。

Reactive 编程提供了丰富的组合选项，其中代码反映了抽象过程的组织，并且所有内容通常都保持在同一级别（嵌套最小化）。

你可以将反应式应用程序处理的数据视为在装配线中移动。Reactor 或者 RxJava 既是传送带又是工作站。原材料从源（原始发布者）注入，最终做成成品推送给消费者（或订阅者）。

原材料可以经历各种转换和其他中间步骤，或者是将中间元素聚集在一起形成较大装配线的一部分。如果在装配线中某一点出现堵塞，受影响的工作站可向上游发出信号以限制原材料的向下流动。

在 Reactive 编程中，运算符是我们装配线中类比的工作站。每个运算符都会向发布者添加行为，并将上一步的发布者包装到新实例中。因此链接整个链，使得数据源自第一个发布者并沿着链向下移动，由每个链点进行转换。最终，订阅者订阅该流，然后激活完成该过程。需要注意，在订阅者订阅发布者之前没有任何事情发生。

5.2 Reactive Streams 规范

上文我们谈了什么是反应式编程（反应式编程是一种编程理念），以及什么是使用反应式编程的价值与特点，本节来看看反应式编程的规范 Reactive Streams。Reactive Streams 的目的是提供一个使用非阻塞回压功能对异步流进行处理的标准，也就是定义了反应式编程的规范。

Reactive Streams 的目标、设计与使用范围。

处理数据流——尤其是体积不可预测的"实时"数据，需要在异步系统中特别小心。最突出的问题是需要小心控制资源消费端，以便快速生产数据的数据源不会压倒流的消费端。为了让多个网络主机进行协作或单个计算机内的多个 CPU 在核心中并行使用计算资源，异步编程是非常必要的。

Reactive Streams 的主要目标是管理跨异步边界的流数据交换——考虑将元素从一个线程传递到另一个线程或线程池进行处理，同时确保接收方不会强制缓冲任意数量的数据。换句话说，回压是该模型的组成部分，以便允许在线程之间协调的队列有界。另外如果回压信号是同步的（参见 Reactive Manifesto），异步处理的好处就将被否定，因此需要注意强制 Reactive Streams 实现的所有方面的完全非阻塞和异步行为。

本规范的目的是允许创建许多符合要求的实现，这些实现由于遵守规则将能够平滑地相互替换，在流应用的整个处理上保留上述益处和特性。

应当注意，本规范未涵盖流操作符（变换 /transformation、切割 /splitting、合并 /merging 等）的精确定义。Reactive Streams 仅关注于调解不同 API 组件之间的数据流。在开发中，需要确保可以表达所有组合流的基本方式。

总之，Reactive Streams 是 JVM 上面向流的库的标准和规范。

- 处理潜在无限数量的元素，并且按顺序进行处理。
- 在组件之间异步传递元素。
- 具有强制性的非阻塞回压。

Reactive Streams 的最新版本库如下所示。

```
<dependency>
  <groupId>org.reactivestreams</groupId>
  <artifactId>reactive-streams</artifactId>
  <version>1.0.2</version>
</dependency>
<dependency>
  <groupId>org.reactivestreams</groupId>
  <artifactId>reactive-streams-tck</artifactId>
  <version>1.0.2</version>
  <scope>test</scope>
</dependency>
```

上述 Reactive Streams 规范由如下两部分组成。

- API 接口：Reactive Streams 规定的一组接口，规范实现者需要实现这些接口，以便实现规范的不同实现库之间的互操作性。
- 技术兼容性工具包（TCK）：用于实现一致测试的标准测试套件。

Reactive Streams 规范的实现者可以自由实现规范未涵盖的其他功能，只要它们符合 API 要求，并且通过 TCK 中的测试即可。

API 中包含了下面一些组员，这些组员需要 Reactive Streams 规范实现者来提供实现：

- Publisher（发布者）
- Subscriber（订阅者）
- Subscription（订阅关系）
- Processor（处理器）

Publisher 是潜在的无限数据元素序列的提供者，然后根据 Subscriber(s) 的订阅需要把这些元素发布出去。

为响应对 Publisher.subscribe（订阅服务发布对象）的调用，subscriber(订阅者)上方法的可能调用序列由以下协议给出：

```
onSubscribe onNext* (onError | onComplete)?
```

这意味着 Subscriber(订阅者)的 onSubscribe 方法将总是会被通知（调用），跟随调用的可能是无限次 onNext 方法（根据 Subscriber 的请求元素个数），可能是 onError 方法（如果发生了一个错误的话），也可能是 onComplete 方法（如果没有可用的元素）。

下面我们看一下规范中定义的一系列 API 接口。

- Publisher（发布者）：产生一个可能包含无限元素的数据流，订阅者 Subscriber 可以根据它们的需要订阅消费该数据流中的元素，接口定义如下所示。

```
public interface Publisher<T> {
    public void subscribe(Subscriber<? super T> s);
}
```

- Subscriber（订阅者）：用来消费 Publisher 生产的数据流中的元素. 并在消费过程中监听指定的事件，比如其 onSubscribe 总是会在订阅的时候被调用一次，跟随调用的可能是无限次 onNext 方法（根据 Subscriber 的请求元素个数），也可能是 onError 方法（出错时）或者 onComplete 方法（消费完毕时）。接口定义如下所示。

```
public interface Subscriber<T> {
    public void onSubscribe(Subscription s);
    public void onNext(T t);
    public void onError(Throwable t);
    public void onComplete();
}
```

- Subscription（订阅关系），维持 Subscriber 和 Publisher 之间的关系，并且订阅者 Subscriber 可以通过它来向 Publisher 请求更多的元素或者取消消费，接口定义如下所示。

```
public interface Subscription {
    public void request(long n);
```

```
    public void cancel();
}
```

- Processor（处理器）：代表一个处理阶段，其既是订阅者又是发布者，并且同时遵循双方的规范，接口定义如下所示。

```
public interface Processor<T, R> extends Subscriber<T>, Publisher<R> {
}
```

虽然 Reactive Streams 规范根本没有制定数据操作符，但 Reactor 或者 RxJava 等反应库的最佳附加值之一是它们提供的丰富的运算符。这些涉及很多方面，从简单的转换和过滤到复杂的编排和错误处理，下面我们就来探讨如何使用 RxJava 和 Reactor 实现异步编程。

5.3　基于 RxJava 实现异步编程

RxJava 是 Reactive Extensions 的 Java VM 实现：RxJava 是一个库，用于通过使用可观察序列来编写异步和基于事件的程序。

它扩展了观察者模式以支持数据 / 事件序列，并添加了允许以声明方式组合数据序列的运算符，同时抽象出对低级线程、同步、线程安全和并发数据结构等问题的关注，RxJava 试图做得非常轻量级，它仅仅作为单个 JAR 实现，仅关注 Observable 抽象和相关的高阶运算函数。

RxJava 版本 1 的 API 并不是基于 Reactive Streams 接口实现的，因此 RxJava v1 需要一个适配器，即使它在语义上的表现更像 Reactive Streams。版本 2 将直接实现 Reactive Streams 接口并遵守规范，以便更好地支持与 Java 社区中的其他 Reactive Streams 实现库之间互通。

由于 RxJava 是以二方包形式提供服务的，所以我们需要在项目中引入其对应的 maven 坐标：

```
        <dependency>
            <groupId>io.reactivex.rxjava2</groupId>
```

```
            <artifactId>rxjava</artifactId>
            <version>2.2.10</version>
        </dependency>
```

首先我们使用 RxJava 来修改 jdk8stream 中过滤 Person 对象打印名称的例子。

```
public static void main(String[] args) {

    //1.创建person列表
    List<Person> personList = makeList();

    //2.执行过滤与输出
       Flowable.fromArray(personList.toArray(new Person[0]))//2.1转换列表为
Flowable流对象
            .filter(person->person.getAge()>=10)//2.2过滤
            .map(person->person.getName())//2.3映射转换
            .subscribe(System.out::println);//2.4订阅输出
    }
```

代码 2.1 首先转换 personList 列表为流对象, 然后执行代码 2.2 对符合条件的 person 进行过滤, 然后 2.3 转换 person 对象为 name, 代码 2.4 输出过滤后的 person 的 name 字段。可知上述操作与 jdk8 stream 相比更加简洁。

另外与 Stream 类似, 这里如果只执行代码 2.2 与代码 2.3 则什么都不会执行, 数据流不会进行流动, 当执行代码 2.4 时, 调用 subscribe 进行订阅时 (相当于执行了 JDK8 Stream 中的终端操作符) 数据流才会流转到不同操作符处进行处理。

在 RxJava 中, 每个操作符返回的都是一个添加了新功能的流对象, 其实上面的代码 2 等价于如下代码:

```
Flowable<Person> source = Flowable.fromArray(personList.toArray(new
Person[0]));
Flowable<Person> filterSource = source.filter(person->person.getAge()>=10);
Flowable<String> nameSource = filterSource.map(person->person.getName());
nameSource.subscribe(System.out::println);
```

下面我们先看一个需求, 这个需求是广播调用 RPC, 首先我们看看如何进行同步执行。

```
public class AsyncRpcCall4 {

    public static String rpcCall(String ip, String param) {

        System.out.println(Thread.currentThread().getName() + " " +ip + "
rpcCall:" + param);
        try {
            Thread.sleep(2000);
        } catch (InterruptedException e) {
            // TODO Auto-generated catch block
            e.printStackTrace();
        }

        return param;

    }

    public static void main(String[] args) {

        // 1.生成ip列表
        List<String> ipList = new ArrayList<String>();
        for (int i = 1; i <= 10; ++i) {
            ipList.add("192.168.0." + i);
        }

        // 2.顺序调用
        long start = System.currentTimeMillis();
        Flowable.fromArray(ipList.toArray(new String[0]))
            .map(v -> rpcCall(v, v))
            .subscribe(System.out::println);

        // 3.打印耗时
        System.out.println("cost:" + (System.currentTimeMillis() - start));
    }
}
```

- 代码 2 中使用 Flowable.fromArray 方法把 ipList 列表元素转换为 Flowable 流对象，Flowable 流对象中的元素就是 ip 地址。

- 代码 2.1 使用 map 操作符把流中的每个 ip 地址转换为 rpcCall 调用的结果后返回一个新的 Flowable 流对象（新的 Flowable 流中的元素为调用 rpcCall 的结果）。

- 之后代码 2.2 订阅新的 Flowable 流，并设置回调函数，当接收到元素后打印元素内容。

运行如上代码会发现耗时为 20s 左右，这是因为上述代码每次调用 rpcCall 方法都是按同步顺序进行的，调用的线程都是 main 函数所在线程。

在 RxJava 中，操作运算符不能直接使用 Threads 或 ExecutorServices 进行异步处理，而需要使用 Schedulers 来抽象统一 API 背后的并发调度线程池。RxJava 提供了几个可通过 Schedulers 访问的标准调度执行器。

- Schedulers.computation()：在后台运行固定数量的专用线程来计算密集型工作。大多数异步操作符使用它作为其默认调度线程池。
- Schedulers.io()：在动态变化的线程集合上运行类 I / O 或阻塞操作。
- Schedulers.single()：以顺序和 FIFO 方式在单个线程上运行。
- Schedulers.trampoline()：在其中一个参与线程中以顺序和 FIFO 方式运行，通常用于测试目的。

此外，RxJava 还可以让我们通过 Schedulers.from（Executor）将现有的 Executor（及其子类型，如 ExecutorService）包装到 Scheduler 中。例如，可以将其用于具有更大但仍然固定的线程池（与 calculate() 和 io() 不同）。可知 RxJava 也是内部封装了不同类型的线程池作为异步任务执行器，大多情况下我们执行异步任务时只需要选择符合自己需求的执行器即可，无须手动创建线程池并直接提交任务到线程池。

下面我们先使用 observeOn 方法来让 rpcCall 的执行由 main 函数所在线程切换到 IO 线程，以便让 main 函数所在线程及时释放出来。

```java
public static void main(String[] args) {

    // 1.生成ip列表
    List<String> ipList = new ArrayList<String>();
    for (int i = 1; i <= 10; ++i) {
        ipList.add("192.168.0." + i);
    }

    // 2.顺序调用
    long start = System.currentTimeMillis();
    Flowable.fromArray(ipList.toArray(new String[0]))
        .observeOn(Schedulers.io())//2.1切换到IO线程执行
```

```
        .map(v -> rpcCall(v, v))//2.2映射结果
        .subscribe(System.out::println);//2.3订阅

    // 3.打印耗时
    System.out.println("cost:" + (System.currentTimeMillis() - start));
    }
```

- 代码 2.1 使用 observeOn 让 rpcCall 的执行由 main 函数所在线程切换到 IO 线程。
- 运行如上代码可知不需要等 10 次 rpc 调用全部执行完毕，main 函数就退出了，这是因为 IO 线程是 Deamon 线程，而 JVM 退出的条件是当前没有用户线程存在，当前唯一的用户线程（main 函数所在线程）已经退出了，所以 JVM 就退出了。所以我们需要将 main 函数所在线程挂起。

```
    public static void main(String[] args) throws InterruptedException {

        // 1.生成ip列表
        List<String> ipList = new ArrayList<String>();
        for (int i = 1; i <= 10; ++i) {
            ipList.add("192.168.0." + i);
        }

        // 2.顺序调用
        Flowable.fromArray(ipList.toArray(new String[0])).
observeOn(Schedulers.io())// 2.1切换到IO线程执行
                .map(v -> rpcCall(v, v))// 2.2映射结果
                .subscribe(System.out::println);// 2.3订阅

        //3.
        System.out.println("main execute over and wait");
        Thread.currentThread().join();// 挂起main函数所在线程
    }
```

如上代码 3 我们挂起了 main 函数所在线程，上面的代码运行时 main 函数所在线程会马上从代码 2 返回，然后执行代码 3 输出打印，并挂起自己；具体的 10 次 rpc 调用是在 IO 线程内执行的，到这里我们释放了 main 函数所在线程来执行 rpc 调用，但是 IO 线程内的 10 个 rpc 调用还是顺序执行的。

在讲解如何使用 flatmap 操作符，让 10 个 rpc 调用顺序执行转换为异步并发执行前，我们先看看另外一个操作符 subscribeOn 是如何在发射元素的线程执行比较耗时的

操作时切换为异步执行的，首先看一下如下代码。

```java
public static void main(String[] args) throws InterruptedException {

    //1.
    long start = System.currentTimeMillis();
    Flowable.fromCallable(() -> {//1.1
        Thread.sleep(1000); // 1.2模拟耗时的操作
        return "Done";
    }).observeOn(Schedulers.single())//1.3
      .subscribe(System.out::println, Throwable::printStackTrace);//1.4

    //2.
    System.out.println("cost:" + (System.currentTimeMillis() - start));

    //3.
    Thread.sleep(2000); // 等待流结束
}
```

如上代码 1.3 使用 observeOn 方法让接收元素和处理元素的逻辑从 main 函数所在线程切换为其他线程，意图希望执行完代码 1.1 后 main 函数所在线程会马上返回，但是实际运行上述代码后会发现代码 2 输出耗时 1s 左右。

这是因为虽然我们让接收元素的逻辑异步化了，但是发射元素的逻辑还是同步调用的，这里代码 1.1 和代码 1.2 中的休眠 1s，然后返回 "Done" 的操作其实还是 main 函数所在线程来处理的，所以我们还需要让发射元素的逻辑异步化，而 subscribeOn 就是做这个事情的，修改上述代码如下所示。

```java
public static void main(String[] args) throws InterruptedException {

    //1.
    long start = System.currentTimeMillis();
    Flowable.fromCallable(() -> {//1.1
        Thread.sleep(1000); // 1.2模拟耗时的操作
        return "Done";
    }).subscribeOn(Schedulers.io())//1.3
      .observeOn(Schedulers.single())//1.4
      .subscribe(System.out::println, Throwable::printStackTrace);//1.5

    //2.
    System.out.println("cost:" + (System.currentTimeMillis() - start));
```

```
//3.
Thread.sleep(2000); // 等待流结束
}
```

如上代码 1.3 使用 subscribeOn 方法让发射元素的逻辑从 main 函数所在线程切换到了 IO 线程，再次运行上面代码后会发现代码 2 的耗时远远小于 1s，这是因为代码 1 流中的元素发射与接收操作全部都异步化了。

这里总结下，默认情况下被观察对象与其上施加的操作符链的运行以及把运行结果通知给观察者对象使用的是调用 subscribe 方法所在的线程，SubscribeOn 操作符可以通过设置 Scheduler 来改变这个行为，让上面的操作切换到其他线程来执行。ObserveOn 操作符可以指定一个不同的 Scheduler 让被观察者对象使用其他线程来把结果通知给观察者对象，并执行观察者的回调函数。

所以如果流发射元素时有耗时的计算或者阻塞 IO，则可以通过使用 subscribeOn 操作来把阻塞的操作异步化（切换到其他线程来执行）。另外如果一旦数据就绪（数据发射出来），则可以通过使用 observeOn 来切换使用其他线程（比如前台或者 GUI 线程）来对数据进行处理。

需要注意 SubscribeOn 这个操作符指定的是被观察者对象本身在哪个调度器上执行，而且和在流上的操作链中 SubscribeOn 的位置无关，并且整个调用链上调用多次时，只有第一次才有效。而 ObservableOn 则是指定观察者对象在哪个调度器上接收被观察者发来的通知，在操作符链上每当调用了 ObservableOn 这个操作符时都会进行线程的切换，下面通过图 5-2 说明。

如图 5-2 所示，SubscribeOn 操作指定了这个被观察对象在新的线程上开始执行，并且与在操作链上的那个位置调用的 SubscribeOn 没有关系（这里是在整个操作链的第三个位置调用的 SubscribeOn）；而在每次调用 ObserveOn 操作时则会每次都影响其后续操作在那个线程上运行（第一次调用 ObserveOn 的时候线程进行了一次切换，第二次调用 ObserveOn 的时候线程又进行了一次切换）。

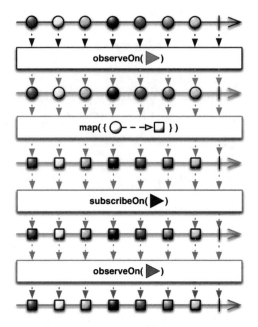

图 5-2　异步切换示意图

现在再回到上面顺序调用 10 次 rpc 的例子，看看如何使用 flatMap 与 subscribeOn 将同步的调用转换为异步，代码如下所示。

```java
public static void main(String[] args) {

    // 1.生成ip列表
    List<String> ipList = new ArrayList<String>();
    for (int i = 1; i <= 10; ++i) {
        ipList.add("192.168.0." + i);
    }

    // 2.并发调用
    long start = System.currentTimeMillis();
    Flowable.fromArray( ipList.toArray(new String[0]))//2.0
            .flatMap(ip -> //2.1
                         Flowable.just(ip)//2.2
                             .subscribeOn(Schedulers.io())//2.3
                             .map(v -> rpcCall(v, v)))//2.4
            .blockingSubscribe(System.out::println);//2.5

    //3.打印耗时
    System.out.println("cost:" + (System.currentTimeMillis() - start));
}
```

- 代码 2.1 使用 flatMap 方法把每个 ip 转换为一个 Flowable 对象，具体是用代码 2.2 Flowable.just 将每个 ip 作为数据源使用 just 方法获取一个 Flowable 流对象。

- 然后通过代码 2.3 设置元素发射逻辑并使用 IO 线程来做，这意味着代码 2.2 是非阻塞的。代码 2.4 使用 map 操作符把 ip 对象转换为 rpcCall 的结果，由于代码 2.2 是非阻塞的，所以 ipList 中的所有 ip 执行 rpc 调用都是并发进行的。

- 代码 2.5 阻塞等待所有的 rpc 并发执行完毕，然后顺序打印执行结果，需要注意的是代码 2.5 阻塞的是 main 函数所在线程。

RxJava 虽然内置了 io 与 computation 类型的线程池来做同步转异步，但是其允许我们使用业务自定义的线程池来进行处理，例如上述代码修改如下所示。

```
// 0.自定义线程池
private final static ThreadPoolExecutor POOL_EXECUTOR = new
ThreadPoolExecutor(10, 10, 1, TimeUnit.MINUTES,
        new LinkedBlockingQueue<>(5), new ThreadPoolExecutor.
CallerRunsPolicy());

public static void main(String[] args) {

    // 1.生成ip列表
    List<String> ipList = new ArrayList<String>();
    for (int i = 1; i <= 10; ++i) {
        ipList.add("192.168.0." + i);
    }

    // 2.并发调用
    long start = System.currentTimeMillis();

    Flowable.fromArray(ipList.toArray(new String[0]))
    .flatMap(ip -> // 2.1
            Flowable.just(ip)// 2.2
                    .subscribeOn(Schedulers.from(POOL_EXECUTOR))// 2.3
                    .map(v -> rpcCall(v, v)))// 2.4
                    .blockingSubscribe(System.out::println);// 2.5

    // 3.打印耗时
    System.out.println("cost:" + (System.currentTimeMillis() - start));
```

```
        //4.关闭线程池
        POOL_EXECUTOR.shutdown();
    }
```

如上代码 0 创建了自定义线程池，代码 2.3 使用 subscribeOn 切换线程时使用的就是我们自己创建的 POOL_EXECUTOR 线程池。

这里由于 POOL_EXECUTOR 内部默认创建的是用户线程，所以必须要调用代码 4 销毁用户线程，这样当前 jvm 才会正常退出。

另外 RxJava 提供了高级的延迟操作符 defer 操作，比如下面官网的一个统计数据流中数字个数的例子。

```
AtomicInteger count = new AtomicInteger();//0

Observable.range(1, 10)//1
  .doOnNext(ignored -> count.incrementAndGet())//2
  .ignoreElements()//3
  .andThen(Single.just(count.get()))//4
  .subscribe(System.out::println);//5
```

如上代码片段中代码 0 创建了一个线程安全的原子计数器，代码 1 使用 range 产生了一个包含 1 到 10 的数据流，代码 2 每当发射出一个元素后让计数器值增加 1，代码 3 则忽略发射出的元素，代码 4 调用 andThen 并当原始流结束后开启一个 Single 的流，新的 Single 流中的元素就是当前计数器中的值，代码 5 订阅新的流，试图打印出原始流中的元素个数。

运行上面代码会输出 0，这是因为 Single.just（count.get()）是在数据流尚未运行还在编译时计算的。所以我们需要延迟步骤 4 中的 Single.just(count.get()) 再执行，等到原始的流完毕后再执行，RxJava 提供的 defer 操作符可以解决这个问题。

```
        AtomicInteger count = new AtomicInteger();

        Observable.range(1, 10)
          .doOnNext(ignored -> count.incrementAndGet())
          .ignoreElements()
          .andThen(Single.defer(() -> Single.just(count.get())))
          .subscribe(System.out::println);
```

如上代码调用了 Single.defer(() -> Single.just(count.get())），使得 Single.just(count.get()) 方法不会在编译时执行，而是等到原始流结束后才会执行。

RxJava 功能博大精深，本节主要讲解了其中一些比较核心的知识点，另外 RxJava 还提供了一些比较高级的操作符，比如 Window、Interval、Buffer、Defer 等，以及回压等功能，这些大家可以去官网 https://github.com/ReactiveX/RxJava 学习了解。

5.4　基于 Reactor 实现异步编程

Reactor 反应式库与 RxJava 一样都是反应式编程规范的一个实现，其实 Reactor 中的流操作符与 RxJava 基本都是等同的，目前其主要在 Spring5 引入的 WebFlux 中作为反应式库使用，在 Java 项目中我们可以通过引入 jar 的方式，单独使用 Reactor。

要在项目中使用 Reactor 库首先需引入 BOM 配置。

```
<dependencyManagement>
    <dependencies>
        <dependency>
            <groupId>io.projectreactor</groupId>
            <artifactId>reactor-bom</artifactId>
            <version>Dysprosium-M1</version>
            <type>pom</type>
            <scope>import</scope>
        </dependency>
    </dependencies>
</dependencyManagement>
```

然后我们需要引入 BOM 中具体的与 Reactor 库相关的依赖，这时不需要设置引入 jar 的版本。

```
<dependencies>
    <dependency>
        <groupId>io.projectreactor</groupId>
        <artifactId>reactor-core</artifactId>
    </dependency>
    <dependency>
        <groupId>io.projectreactor</groupId>
```

```
        <artifactId>reactor-test</artifactId>
        <scope>test</scope>
    </dependency>
</dependencies>
```

使用 Reactor 库的功能来修改 RxJava 中过滤 Person 对象打印名称的例子。

```
public static void main(String[] args) {
    // 1.创建person列表
    List<Person> personList = makeList();

    // 2.执行过滤与输出
    Flux.fromArray(personList.toArray(new Person[0]))// 2.1转换列表为
Flowable流对象
            .filter(person -> person.getAge() >= 10)// 2.2过滤
            .map(person -> person.getName())// 2.3映射转换
            .subscribe(System.out::println);// 2.4订阅输出
    }
```

由上述代码可知，只需要把 RxJava 中的反应式类型 Flowable 修改为 Reactor 中的 Flux 即可。

在 Reactor 中有两种反应式类型：Mono 与 Flux。其中 Mono 代表着 0 或 1 个元素的流对象，Flux 代表含有 0 或 N 个元素的流对象。

下面我们使用 Reactor 库替换 5.3 节的广播调用 rpc 的例子，修改代码如下所示。

```
public static void main(String[] args) throws InterruptedException {
    // 1.生成ip列表
    List<String> ipList = new ArrayList<String>();
    for (int i = 1; i <= 10; ++i) {
        ipList.add("192.168.0." + i);
    }

    // 2.并发调用
    Flux.fromArray(ipList.toArray(new String[0]))
            .flatMap(ip -> // 2.1
            Flux.just(ip)// 2.2
                    .subscribeOn(Schedulers.elastic())// 2.3
                    .map(v -> rpcCall(v, v)))// 2.4
            .subscribe(new Consumer<String>() {
```

```
                @Override
                public void accept(String t) {

                }
            });

        Thread.sleep(3000);
    }
```

同理我们只需要把 RxJava 中的反应式类型 Flowable 修改为 Reactor 中的 Flux，并且把 RxJava 中的调度器 Schedulers.io() 修改为 Reactor 中的 Schedulers.elastic() 即可。

Reactor 也是使用 Schedulers 来抽象统一 API 背后的并发调度线程池，其提供了几个可通过 Schedulers 访问的标准调度执行器。

- Schedulers.elastic()：线程池中的线程是可以复用的，按需创建与空闲回收，该调度器适用于 I/O 密集型任务。
- Schedulers.parallel()：含有固定个数的线程池，该调度器适用于计算密集型任务。
- Schedulers.single()：单一线程来执行任务。
- Schedulers.immediate()：立刻使用调用线程来执行。
- Schedulers.fromExecutor()：将已有的 Executor 转换为 Scheduler 来执行任务。

需要注意的是，在 RxJava 中当在反应式类型上施加 observeOn 操作后，其后续的操作将会在切换的线程上执行，而 Reactor 中则是使用 publishOn 来实现对等的功能。

```
    public static void main(String[] args) throws InterruptedException {

        long start = System.currentTimeMillis();
        // 1.
        Flux.just("hello", "world")
                .publishOn(Schedulers.single())// 1.1
                .subscribe(new Consumer<String>() {//1.2
                    @Override
                    public void accept(String t) {
                        try {
                            Thread.sleep(1000);
                        } catch (InterruptedException e) {
                        }
                        System.out.println(Thread.currentThread().getName() +
```

```
        " " + t);

                    }
            }, Throwable::printStackTrace);// 1.4

        // 2.
        System.out.println("cost:" + (System.currentTimeMillis() - start));

        // 3.
        Thread.currentThread().join();
    }
```

如上代码 1.1 切换当前调用线程为 Schedulers.single() 中的线程，代码 1.2 消费元素的逻辑就从调用线程切换到了 Schedulers.single() 中的线程来执行，执行如上代码，虽然每次在消费元素时休眠了 1s，但输出打印耗时却小于 1s，这是因为使用 publishOn 切换了线程，使得 main 函数所在线程马上返回了，另外从日志打印也可以看出，最终元素消费使用的是 single 线程。如果注释掉代码 1.1，打印耗时应为 2s 左右。

Reactor 功能与 RxJava 非常相似，从一方切换到另一方的成本很低，这得益于他们都是按照 Reactive 规范来实现的，对于 Reactor 的更多知识可以去官网（https://github.com/reactor/reactor）学习了解。

5.5　总结

本章首先讲解了传统的基于 CallBack 与 Future 实现异步编程的缺点，然后探讨使用 Reactive 编程能给我们带来什么好处，最后讲解了如何基于 RxJava 与 Reactor 库来实现异步编程。本章只讲解了 Reactive 编程的一些特性，想了解更多特性的话可以去官网查看学习。

第 6 章 *Chapter 6*

Web Servlet 的异步非阻塞处理

本章主要探讨 Servlet3.0 规范前的同步处理模型和缺点，Servlet3.0 规范提供的异步处理能力与 Servlet3.1 规范提供的非阻塞 IO 能力，以及 Spring MVC 中提供的异步处理能力。

6.1　Servlet 概述

Servlet 是一个基于 Java 技术的 Web 组件，由容器管理，生成动态内容。像其他基于 Java 技术的组件一样，Servlet 是与平台无关的 Java 类格式，它们被编译为与具体平台无关的字节码，可以被基于 Java 技术的 Web Server 动态加载并运行。容器（有时称为 Servlet 引擎）是 Web 服务器为支持 Servlet 功能扩展的部分。客户端通过 Servlet 容器实现请求 / 应答模型与 Servlet 交互。

Servlet 容器是 Web Server 或 Application Server 的一部分，其提供基于请求 / 响应模型的网络服务，解码基于 MIME 的请求，并且格式化基于 MIME 的响应。Servlet 容器也包含了管理 Servlet 生命周期的能力，Servlet 是运行在 Servlet 容器内的。Servlet 容器可以嵌入宿主的 Web Server 中，或者通过 Web Server 的本地扩展 API 单独作为附加组件安装。Servelt 容器也可能内嵌或安装到包含 Web 功能的 Application Server 中。

所有 Servlet 容器必须支持基于 HTTP 协议的请求 / 响应模型，并且可以选择性支持基于 HTTPS 协议的请求 / 应答模型。容器必须实现的 HTTP 协议版本包含 HTTP/1.0 和 HTTP/1.1。

Servlet 容器应该使 Servlet 执行在一个安全限制的环境中。在 Java 平台标准版（J2SE, v.1.3 或更高）或者 Java 平台企业版 (Java EE, v.1.3 或更高) 的环境下，这些限制应该被放置在 Java 平台定义的安全许可架构中。比如，为了保证容器的其他组件不受负面影响，高端的 Application Server 可能会限制 Thread 对象的创建。常见的比较经典的 Servlet 容器实现有 Tomcat 和 Jetty。

6.2 Servlet 3.0 提供的异步处理能力

Web 应用程序中提供异步处理最基本的动机是处理需要很长时间才能完成的请求。这些比较耗时的请求可能是一个缓慢的数据库查询，可能是对外部 REST API 的调用，也可能是其他一些耗时的 I / O 操作。这种耗时较长的请求可能会快速耗尽 Servlet 容器线程池中的线程并影响应用的可伸缩性。

在 Servlet3.0 规范前，Servlet 容器对 Servlet 都是以每个请求对应一个线程这种 1：1 的模式进行处理的，如图 6-1 所示（本节 Servlet 容器固定使用 Tomcat 来进行讲解）。

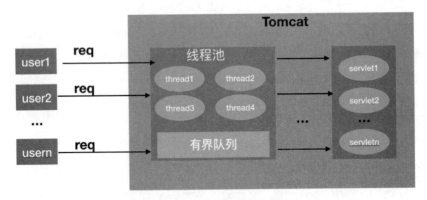

图 6-1　Servlet 同步处理模型

由图 6-1 可知，每当用户发起一个请求时，Tomcat 容器就会分配一个线程来运行具体的 Servlet。在这种模式下，当在 Servlet 内执行比较耗时的操作，比如访问了数据库、同步调用了远程 rpc，或者进行了比较耗时的计算时，当前分配给 Servlet 执行任务的线程会一直被该 Servlet 持有，不能及时释放掉后供其他请求使用，而 Tomcat 内的容器线程池内线程是有限的，当线程池内线程用尽后就不能再对新来的请求进行及时处理了，所以这大大限制了服务器能提供的并发请求数量。

为了解决上述问题，在 Servlet 3.0 规范中引入了异步处理请求的能力，处理线程可以及时返回容器并执行其他任务，一个典型的异步处理的事件流程如下：

- 请求被 Servlet 容器接收，然后从 Servlet 容器 (例如 Tomcat) 中获取一个线程来执行，请求被流转到 Filter 链进行处理，然后查找具体的 Servlet 进行处理。
- Servlet 具体处理请求参数或者请求内容来决定请求的性质。
- Servlet 内使用 " req.startAsync();" 开启异步处理，返回异步处理上下文 Async-Context 对象，然后开启异步线程（可以是 Tomcat 容器中的其他线程，也可以是业务自己创建的线程）对请求进行具体处理（这可能会发起一个远程 rpc 调用或者一个数据库请求）；开启异步线程后，当前 Servlet 就返回了（分配给其执行的容器线程也就释放了），并且不对请求方产生响应结果。
- 异步线程对请求处理完毕后，会通过持有的 AsyncContext 对象把结果写回请求方。

如图 6-2 所示，具体处理请求响应的逻辑已经不再是 Servlet 调用线程来做了，Servlet 内开启异步处理后会立刻释放 Servlet 容器线程，具体对请求进行处理与响应的是业务线程池中的线程。

下面我们来看在 SpringBoot 中新增一个 Servlet 时，如何设置其为异步处理。首先我们看一个同步处理的代码。

```
//1.标识为Servlet
@WebServlet(urlPatterns = "/test")
public class MyServlet extends HttpServlet {
    @Override
    protected void service(HttpServletRequest req, HttpServletResponse resp)
```

```java
    throws ServletException, IOException {

        System.out.println("---begin servlet----");
        try {
            // 2.执行业务逻辑
            Thread.sleep(3000);

            // 3.设置响应结果
            resp.setContentType("text/html");
            PrintWriter out = resp.getWriter();
            out.println("<html>");
            out.println("<head>");
            out.println("<title>Hello World</title>");
            out.println("</head>");
            out.println("<body>");
            out.println("<h1>welcome this is my servlet1!!!</h1>");
            out.println("</body>");
            out.println("</html>");

        } catch (Exception e) {
            System.out.println(e.getLocalizedMessage());
        } finally {
        }
        // 4.运行结束，即将释放容器线程
        System.out.println("---end servlet----");
    }
}
```

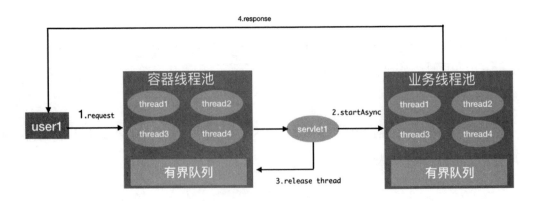

图 6-2　Servlet 异步处理模型

如上代码所示是一个典型的 Servlet，当我们访问 http://127.0.0.1:8080/test 时，

Tomcat 容器会接收该请求，然后从容器线程池中获取一个线程来激活容器的 Filter 链，然后把请求路由到 MyServlet，此时 MyServlet 的 Service 方法会被调用，方法内线程休眠 3s 用来模拟 MyServlet 中的耗时操作，接着代码 3 把响应结果设置到响应对象，该 MyServlet 就退出了；由于 MyServlet 内是同步执行，所以从 Filter 链的执行到 MyServlet 的 Service 内代码执行都是用同一个 Tomcat 容器内的线程。下面我们将上面代码改造为异步处理：

```java
//1.开启异步支持
@WebServlet(urlPatterns = "/test", asyncSupported = true)
public class MyServlet extends HttpServlet {
    @Override
     protected void service(HttpServletRequest req, HttpServletResponse resp)
throws ServletException, IOException {

        // 2.开启异步，获取异步上下文
        System.out.println("---begin serlvet----");
        final AsyncContext asyncContext = req.startAsync();

        // 3.提交异步任务
        asyncContext.start(new Runnable() {

            @Override
            public void run() {
                try {
                    // 3.1执行业务逻辑
                    System.out.println("---async res begin----");
                    Thread.sleep(3000);

                    // 3.2设置响应结果
                    resp.setContentType("text/html");
                    PrintWriter out = asyncContext.getResponse().getWriter();
                    out.println("<html>");
                    out.println("<head>");
                    out.println("<title>Hello World</title>");
                    out.println("</head>");
                    out.println("<body>");
                    out.println("<h1>welcome this is my servlet1!!!</h1>");
                    out.println("</body>");
                    out.println("</html>");
                    System.out.println("---async res end----");
```

```
        } catch (Exception e) {
            System.out.println(e.getLocalizedMessage());
        } finally {
            // 3.3异步完成通知
            asyncContext.complete();
        }
    }
});

// 4.运行结束，即将释放容器线程
System.out.println("---end servlet----");
    }
}
```

由上述代码可知：

- 如上代码 1，这里使用注解 @WebServlet 来标识 MyServlet 是一个 Servlet，其中 asyncSupported 为 true 代表要异步执行，然后框架就会知道该 Servlet 要启动异步处理功能。

- MyServlet 的 Service 方法中代码 2 调用 HttpServletRequest 的 startAsync() 方法开启异步调用，该方法返回一个 AsyncContext，其中保存了与请求 / 响应相关的上下文信息。

- 代码 3 调用 AsyncContext 的 start 方法并传递一个任务，该方法会马上返回，然后代码 4 打印后，当前 Servlet 就退出了，其调用线程（容器线程）也被释放。

- 代码 3 提交异步任务后，异步任务的执行还是由容器中的其他线程来具体执行的，这里异步任务中代码 3.1 休眠 3s 是为了模拟耗时操作。代码 3.2 从 asyncContext 中获取响应对象，并把响应结果写入响应对象。代码 3.3 则调用 asyncContext.complete() 标识异步任务执行完毕。

上面代码的异步执行虽然及时释放了调用 Servlet 时执行的容器线程，但是异步处理还是使用了容器中的其他线程，其实我们可以使用自己的线程池来进行任务的异步处理，将上面的代码修改为如下形式：

```
//1.开启异步支持
@WebServlet(urlPatterns = "/test", asyncSupported = true)
public class MyServlet extends HttpServlet {
```

```
    // 0自定义线程池
    private final static int AVALIABLE_PROCESSORS = Runtime.getRuntime().
availableProcessors();
    private final static ThreadPoolExecutor POOL_EXECUTOR = new
ThreadPoolExecutor(AVALIABLE_PROCESSORS,
            AVALIABLE_PROCESSORS * 2, 1, TimeUnit.MINUTES, new
LinkedBlockingQueue<>(5),
            new ThreadPoolExecutor.CallerRunsPolicy());

    @Override
    protected void service(HttpServletRequest req, HttpServletResponse resp)
throws ServletException, IOException {

        // 2.开启异步，获取异步上下文
        System.out.println("---begin servlet----");
        final AsyncContext asyncContext = req.startAsync();

        // 3.提交异步任务
        POOL_EXECUTOR.execute(new Runnable() {

            @Override
            public void run() {
                try {
                    // 3.1执行业务逻辑
                    System.out.println("---async res begin----");
                    Thread.sleep(3000);

                    // 3.2设置响应结果
                    resp.setContentType("text/html");
                    PrintWriter out = asyncContext.getResponse().getWriter();
                    out.println("<html>");
                    out.println("<head>");
                    out.println("<title>Hello World</title>");
                    out.println("</head>");
                    out.println("<body>");
                    out.println("<h1>welcome this is my servlet1!!!</h1>");
                    out.println("</body>");
                    out.println("</html>");
                    System.out.println("---async res end----");

                } catch (Exception e) {
                    System.out.println(e.getLocalizedMessage());
                } finally {
                    // 3.3异步完成通知
```

```
                        asyncContext.complete();
                }
        }
    });

    // 4.运行结束，即将释放容器线程
    System.out.println("---end servlet----");
    }
}
```

通过如上代码 0，我们创建了自己的 JVM 内全局的线程池，然后代码 3 把异步任务提交到了我们的线程池来执行，这时候整个处理流程是：Tomcat 容器收到请求后，从容器中获取一个线程来执行 Filter 链，接着把请求同步转发到 MyServlet 的 service 方法来执行，然后代码 3 把具体请求处理的逻辑异步切换到我们业务线程池来执行，此时 MyServlet 就返回了，并释放容器线程。

在 Servlet 3.0 中，还为异步处理提供了一个监听器，用户可以实现 AsyncListener 接口来对异步执行结果进行响应。比如基于上面代码，我们添加 AsyncListener 接口后代码如下：

```
/1.开启异步支持
@WebServlet(urlPatterns = "/test", asyncSupported = true)
public class MyServlet extends HttpServlet {
    @Override
    protected void service(HttpServletRequest req, HttpServletResponse resp)
throws ServletException, IOException {

        // 2.开启异步，获取异步上下文
        System.out.println("---begin servlet----");
        final AsyncContext asyncContext = req.startAsync();

        //添加事件监听器
        asyncContext.addListener(new AsyncListener() {

            @Override
            public void onTimeout(AsyncEvent event) throws IOException {
                System.out.println("onTimeout" );
            }

            @Override
            public void onStartAsync(AsyncEvent event) throws IOException {
```

```
            System.out.println("onStartAsync" );

        }

        @Override
        public void onError(AsyncEvent event) throws IOException {
            System.out.println("onError" );

        }

        @Override
        public void onComplete(AsyncEvent event) throws IOException {
            System.out.println("onComplete");
        }
    });

    // 3.提交异步任务
    asyncContext.start(new Runnable() {

        @Override
        public void run() {
            try {
                ....
            } catch (Exception e) {
                System.out.println(e.getLocalizedMessage());
            } finally {
                // 3.3异步完成通知
                asyncContext.complete();
            }
        }
    });

    // 4.运行结束，即将释放容器线程
    System.out.println("---end servlet----");
    }
}
```

通过上述代码，我们可以对异步处理的结果进行处理。

6.3　Servlet 3.1 提供的非阻塞 IO 能力

虽然 Servlet 3.0 规范让 Servlet 的执行变为了异步，但是其 IO 还是阻塞式的。IO

阻塞是说，在 Servlet 处理请求时，从 ServletInputStream 中读取请求体时是阻塞的。而我们想要的是，当数据就绪时通知我们去读取就可以了，因为这可以避免占用 Servlet 容器线程或者业务线程来进行阻塞读取。下面我们通过代码直观看看什么是阻塞 IO：

```java
@WebServlet(urlPatterns = "/testSyncReadBody", asyncSupported = true)
public class MyServletSyncReadBody extends HttpServlet {

    // 1自定义线程池
    private final static int AVALIABLE_PROCESSORS = Runtime.getRuntime().
availableProcessors();
    private final static ThreadPoolExecutor POOL_EXECUTOR = new
ThreadPoolExecutor(AVALIABLE_PROCESSORS,
            AVALIABLE_PROCESSORS * 2, 1, TimeUnit.MINUTES, new
LinkedBlockingQueue<>(5),
            new ThreadPoolExecutor.CallerRunsPolicy());

    @Override
    protected void service(HttpServletRequest req, HttpServletResponse resp)
throws ServletException, IOException {

        // 2.开启异步，获取异步上下文
        System.out.println("---begin servlet----");
        final AsyncContext asyncContext = req.startAsync();

        // 3.提交异步任务
        POOL_EXECUTOR.execute(new Runnable() {

            @Override
            public void run() {
                try {
                    System.out.println("---async res begin----");
                    // 3.1读取请求体
                    long start = System.currentTimeMillis();
                    final ServletInputStream inputStream = asyncContext.
getRequest().getInputStream();
                    try {
                        byte buffer[] = new byte[1 * 1024];
                        int readBytes = 0;
                        int total = 0;

                        while ((readBytes = inputStream.read(buffer)) > 0) {
                            total += readBytes;
                        }
```

```
                        long cost = System.currentTimeMillis() - start;
                        System.out
                                .println(Thread.currentThread().getName() +
" Read: " + total + " bytes,costs:" + cost);

                    } catch (IOException ex) {
                        System.out.println(ex.getLocalizedMessage());
                    }

                    // 3.2执行业务逻辑
                    Thread.sleep(3000);

                    // 3.3设置响应结果
                    resp.setContentType("text/html");
                    PrintWriter out = asyncContext.getResponse().getWriter();
                    out.println("<html>");
                    out.println("<head>");
                    out.println("<title>Hello World</title>");
                    out.println("</head>");
                    out.println("<body>");
                    out.println("<h1>welcome this is my servlet1!!!</h1>");
                    out.println("</body>");
                    out.println("</html>");
                    System.out.println("---async res end----");

                } catch (Exception e) {
                    System.out.println(e.getLocalizedMessage());
                } finally {
                    // 3.3异步完成通知
                    asyncContext.complete();
                }
            }
        });

        // 4.运行结束，即将释放容器线程
        System.out.println("---end servlet----");
    }
}
```

如上代码 3.1 从 ServletInputStream 中读取 http 请求体的内容（需要注意的是，http header 的内容不在 ServletInputStream 中），其中使用循环来读取内容，并且统计读取数据的数量。

而 ServletInputStream 中并非一开始就有数据,所以当我们的业务线程池 POOL_EXECUTOR 中的线程调用 inputStream.read 方法时是会被阻塞的,等内核接收到请求方发来的数据后,该方法才会返回,而这之前 POOL_EXECUTOR 中的线程会一直被阻塞,这就是我们所说的阻塞 IO。阻塞 IO 会消耗宝贵的线程。

下面借助图 6-3 来进一步解释。

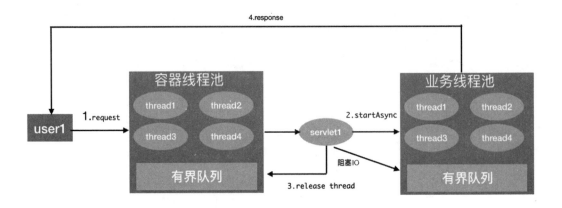

图 6-3 Servlet 同步阻塞 IO 处理

如图 6-3 所示,Servlet 容器接收请求后会从容器线程池获取一个线程来执行具体 Servlet 的 Service 方法,由 Service 方法调用 StartAsync 把请求处理切换到业务线程池内的线程,如果业务线程内调用了 ServletInputStream 的 read 方法读取 http 的请求体内容,则业务线程会以阻塞方式读取 IO 数据(因为数据还没就绪)。

这里的问题是,当数据还没就绪就分配了一个业务线程来阻塞等待数据就绪,造成资源浪费。下面我们看看 Servlet 3.1 是如何让数据就绪时才分配业务线程来进数据读取,做到需要时(数据就绪时)才分配的。

在 Servlet3.1 规范中提供了非阻塞 IO 处理方式:Web 容器中的非阻塞请求处理有助于增加 Web 容器可同时处理请求的连接数量。Servlet 容器的非阻塞 IO 允许开发人员在数据可用时读取数据或在数据可写时写数据。非阻塞 IO 对在 Servlet 和 Filter 中的异步请求处理有效,否则,当调用 ServletInputStream.setReadListener 或 Servlet OutputStream.setWriteListener 方法时将抛出 IllegalStateException。基于内核的能力,

Servlet3.1 允许我们在 ServletInputStream 上通过函数 setReadListener 注册一个监听器，该监听器在发现内核有数据时才会进行回调处理函数。上面代码注册监听器后的形式如下：

```
@WebServlet(urlPatterns = "/testaSyncReadBody", asyncSupported = true)
public class MyServletaSyncReadBody extends HttpServlet {

    // 1.自定义线程池
    private final static int AVALIABLE_PROCESSORS = Runtime.getRuntime().
availableProcessors();
    private final static ThreadPoolExecutor POOL_EXECUTOR = new
ThreadPoolExecutor(AVALIABLE_PROCESSORS,
            AVALIABLE_PROCESSORS * 2, 1, TimeUnit.MINUTES, new
LinkedBlockingQueue<>(5),
            new ThreadPoolExecutor.CallerRunsPolicy());

    @Override
    protected void service(HttpServletRequest req, HttpServletResponse resp)
throws ServletException, IOException {

        // 2.开启异步，获取异步上下文
        System.out.println("---begin serlvet----");
        final AsyncContext asyncContext = req.startAsync();

        // 3.设置数据就绪监听器
        final ServletInputStream inputStream = req.getInputStream();
        inputStream.setReadListener(new ReadListener() {

            @Override
            public void onError(Throwable throwable) {
                System.out.println("onError:" + throwable.
getLocalizedMessage());
            }

            /**
             * 当数据就绪时，通知我们来读取
             */
            @Override
            public void onDataAvailable() throws IOException {
                try {
                    // 3.1读取请求体
                    long start = System.currentTimeMillis();
                    final ServletInputStream inputStream = asyncContext.
```

```
getRequest().getInputStream();
                    try {
                        byte buffer[] = new byte[1 * 1024];
                        int readBytes = 0;
                        while (inputStream.isReady() && !inputStream.
isFinished()) {

                            readBytes += inputStream.read(buffer);

                        }

                        System.out.println(Thread.currentThread().getName() +
" Read: " + readBytes);

                    } catch (IOException ex) {
                        System.out.println(ex.getLocalizedMessage());
                    }

            } catch (Exception e) {
                System.out.println(e.getLocalizedMessage());
            } finally {
            }
        }

        /**
         * 当请求体的数据全部被读取完毕后，通知我们进行业务处理
         */
        @Override
        public void onAllDataRead() throws IOException {

            // 3.2提交异步任务
            POOL_EXECUTOR.execute(new Runnable() {

                @Override
                public void run() {
                    try {

                        System.out.println("---async res begin----");
                        // 3.2.1执行业务逻辑
                        Thread.sleep(3000);

                        // 3.2.2设置响应结果
                        resp.setContentType("text/html");
                        PrintWriter out = asyncContext.getResponse().
getWriter();
```

```
                            out.println("<html>");
                            out.println("<head>");
                            out.println("<title>Hello World</title>");
                            out.println("</head>");
                            out.println("<body>");
                            out.println("<h1>welcome this is my servlet1!!!</h1>");
                            out.println("</body>");
                            out.println("</html>");
                            System.out.println("---async res end----");

                        } catch (Exception e) {
                            System.out.println(e.getLocalizedMessage());
                        } finally {
                            // 3.2.3异步完成通知
                            asyncContext.complete();
                        }
                    }
                });
            }
        });

        // 4.运行结束，即将释放容器线程
        System.out.println("---end serlvet----");
    }
}
```

- 代码 3 设置了一个 ReadListener 到 ServletInputStream 流，当内核发现有数据已经就绪时，就会回调其 onDataAvailable 方法，该方法内就可以马上读取数据。这里代码 3.1 通过 inputStream.isReady() 发现数据已经准备就绪后，就可以从中读取数据了。需要注意的是，这里的 onDataAvailable 是容器线程来执行的，只有在数据已经就绪时才调用容器线程来读取数据。

- 另外，当请求体的数据全部读取完毕后才会调用 onAllDataRead 方法，该方法默认也是容器线程来执行的。这里我们使用代码 3.2 切换到业务线程池来执行。

下面我们结合图 6-4 来具体说明 Servlet3.1 中的 ReadListener 是如何高效利用线程的。

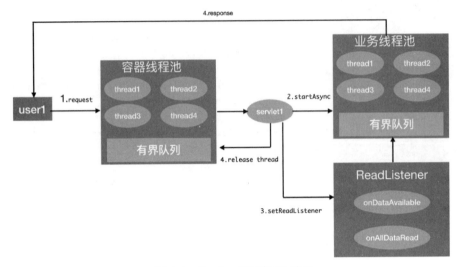

图 6-4　Servlet 非阻塞 IO 处理

如图 6-4 所示，Servlet 容器接收请求后会从容器线程池获取一个线程来执行具体 Servlet 的 Service 方法，Service 方法内调用 StartAsync 开启异步处理，然后通过 setReadListener 注册一个 ReadListener 到 ServletInputStream，最后释放容器线程。

当内核发现 TCP 接收缓存有数据时，会回调注册的 ReadListener 的 onData Available 方法，这时使用的是容器线程，但是我们可以选择是否在 onData Available 方法内开启异步线程来对就绪数据进行读取，以便及时释放容器线程。

当发现 http 的请求体内容已经被读取完毕后，会调用 onAllDataRead 方法，在这个方法内我们使用业务线程池对请求进行处理，并把结果写回请求方。

结合上文可知，无论是容器线程还是业务线程，都不会出现阻塞 IO 的情况。因为当线程被分配来进行处理时，当前数据已经是就绪的，可以马上进行读取，故不会造成线程的阻塞。

需要注意的是，Servlet3.1 不仅增加了可以非阻塞读取请求体的 ReadListener，还增加了可以避免阻塞写的 WriteListener 接口，在 ServletOutputStream 上可以通过 set-WriteListener 进行设置。当一个 WriteListener 注册到 ServletOutputStream 后，当可以写数据时 onWritePossible() 方法将被容器首次调用，这里我们不再展开讨论。

6.4　Spring Web MVC 的异步处理能力

Spring Web MVC 是基于 Servlet API 构建的 Web 框架，从一开始就包含在 Spring Framework 中。正式名称 Spring Web MVC 来自其源模块（spring-webmvc）的名称，但它通常被称为 Spring MVC。Spring MVC 的出现让我们不用再聚焦在具体的 Servlet 上，而是直接编写与业务相关的 controller。

与许多其他 Web 框架一样，Spring MVC 围绕前端控制器模式（Front Controller Pattern）设计，其中中央 Servlet DispatcherServlet 为请求处理提供共享的路由算法，负责对请求进行路由分派，实际的请求处理工作由可配置的委托组件执行。该模型非常灵活，支持多种工作流程。

DispatcherServlet 与任何 Servlet 一样，需要使用 Java 配置或 webxml 根据 Servlet 规范进行声明和映射。反过来，DispatcherServlet 使用 Spring 配置来发现请求映射、视图解析、异常处理等所需的委托组件。

Spring MVC 与前面讲解的 Servlet 3.0 异步请求处理有很深的集成：

- DeferredResult 和 Callable 作为 controller 方法中的返回值，并为单个异步返回值提供基本支持。
- controller 可以流式传输多个值，包括 SSE 和原始数据。
- controller 可以使用反应式客户端并返回反应式类型，以进行反应式处理。

Spring MVC 内部通过调用 request.startAsync() 将 ServletRequest 置于异步模式。这样做的主要目的是 Servlet（以及任何 Filter）可以退出（同时容器线程也得到了释放），但响应保持打开状态，以便进行后续处理（异步处理完毕后使用其把结果写回请求方）。

Spring MVC 内部对 request.startAsync() 的调用返回 AsyncContext，可以使用它来进一步控制异步处理。例如，它提供了 dispatch 方法，类似于 Servlet API 中的 forward，不同的是它允许应用程序在 Servlet 容器线程上恢复请求处理。

6.4.1 基于 DeferredResult 的异步处理

一旦在 Servlet 容器中启用了异步请求处理功能，controller 方法就可以使用 DeferredResult 包装任何支持的方法返回值，如以下示例所示：

```
    private static ThreadPoolExecutor BIZ_POOL = new ThreadPoolExecutor(8, 8,
1, TimeUnit.SECONDS,
            new LinkedBlockingQueue<>(1), new ThreadPoolExecutor.
CallerRunsPolicy());

    @PostMapping("/personDeferredResult")
    DeferredResult<String> listPostDeferredResult() {

        DeferredResult<String> deferredResult = new DeferredResult<String>();
        BIZ_POOL.execute(new Runnable() {

            @Override
            public void run() {
                try {
                    // 执行异步处理
                    Thread.sleep(3000);

                    // 设置结果
                    deferredResult.setResult("ok");
                } catch (Exception e) {
                    e.printStackTrace();
                    deferredResult.setErrorResult("error");
                }

            }
        });
        return deferredResult;
    }
```

上述代码我们创建了一个业务线程池 BIZ_POOL，然后 controller 方法在 listPost DeferredResult 内创建了一个 DeferredResult 对象，接着向业务线程池 BIZ_POOL 提交我们的请求处理逻辑（其内部处理完毕后把结果设置到创建的 DeferredResult），最后返回创建的 DeferredResult 对象。其整个处理过程如下：

1）Tomcat 容器接收路径为 personDeferredResult 的请求后，会分配一个容器线程来执行 DispatcherServlet 进行请求分派，请求被分到含有 personDeferredResult 路径的

controller，然后执行 listPostDeferredResult 方法，该方法内创建了一个 DeferredResult 对象，然后把处理任务提交到了线程池进行处理，最后返回 DeferredResult 对象。

2）Spring MVC 内部在 personDeferredResult 方法返回后会保存 DeferredResult 对象到内存队列或者列表，然后会调用 request.startAsync() 开启异步处理，并且调用 DeferredResult 对象的 setResultHandler 方法，设置当异步结果产生后对结果进行重新路由的回调函数（逻辑在 WebAsyncManager 的 startDeferredResultProcessing 方法），接着释放分配给当前请求的容器线程，与此同时当前请求的 DispatcherServlet 和所有 filters 也执行完毕了，但是 response 流还是保持打开（因为任务执行结果还没写回）。

3）最终在业务线程池中执行的异步任务会产生一个结果，该结果会被设置到 DeferredResult 对象，然后设置的回调函数会被调用，接着 Spring MVC 会分派请求结果回到 Servlet 容器继续完成处理，DispatcherServlet 被再次调用，使用返回的异步结果继续进行处理，最终把响应结果写回请求方。

6.4.2　基于 Callable 实现异步处理

controller 中的方法可以使用 java.util.concurrent.Callable 包装任何支持的返回类型，比如下面的例子：

```
@PostMapping("/personPostCallable")
Callable<String> listPostCall() {

    System.out.println("----begin personPostCallable----");
    return new Callable<String>() {
        public String call() throws Exception {
            try {
                Thread.sleep(1000);
            } catch (InterruptedException e) {
                e.printStackTrace();
            }
            System.out.println("----end personPostCallable----");
            return "test";
        }
    };
}
```

上述代码 controller 内的 listPostCall 方法返回了一个异步任务后就直接返回了，其中的异步任务会使用 Spring 框架内部的 TaskExecutor 线程池来执行，其整个执行流程如下：

1）Tomcat 容器接收路径为 personPostCallable 的请求后，会分配一个容器线程来执行 DispatcherServlet 进行请求分派，接着请求被分到含有 personPostCallable 路径的 controller，然后执行 listPostCall 方法，返回一个 Callable 对象。

2）Spring MVC 内部在 listPostCall 方法返回后，调用 request.startAsync() 开启异步处理，然后提交 Callable 任务到内部线程池 TaskExecutor（非容器线程）中进行异步执行（WebAsyncManager 的 startCallableProcessing 方法内），接着释放分配给当前请求的容器线程，与此同时当前请求的 DispatcherServlet 和所有 filters 也执行完毕了，但是 response 流还是保持打开（因为 Callable 任务执行结果还没写回）。

3）最终在线程池 TaskExecutor 中执行的异步任务会产生一个结果，然后 Spring MVC 会分派请求结果回到 Servlet 容器继续完成处理，DispatcherServlet 被再次调用，使用返回的异步结果继续进行处理，最终把响应结果写回请求方。

这种方式下异步执行默认使用内部的 SimpleAsyncTaskExecutor，其对每个请求都会开启一个线程，并没有很好地复用线程，我们可以通过自定义自己的线程池来执行异步处理：

```java
@Configuration
public class WebMvcConfig extends WebMvcConfigurerAdapter {

    @Override
    public void configureAsyncSupport(AsyncSupportConfigurer configurer) {

        ThreadPoolTaskExecutor executor = new ThreadPoolTaskExecutor();
        executor.setMaxPoolSize(8);
        executor.setCorePoolSize(8);
        executor.setRejectedExecutionHandler(new ThreadPoolExecutor.
CallerRunsPolicy());
        executor.setQueueCapacity(5);
        executor.afterPropertiesSet();
        configurer.setTaskExecutor(executor);
    }
}
```

如上代码所示，我们向容器注入了一个 WebMvcConfigurer 的 bean，然后在其 configureAsyncSupport 方法中创建了一个业务线程池，并把其设置到 AsyncSupport Configurer 中，则当容器进行异步处理时就会使用我们设置的线程池。

6.5　总结

本章我们首先探讨了 Servlet 3.0 前的 Servlet 同步处理模型及其缺点，然后探讨了 Servlet 3.0 提供的异步处理能力与 Servlet 3.1 的非阻塞 IO 能力，以及 Spring MVC 中提供的异步处理能力。学习完本章后大家可以写个 demo 实践一下，并在关键点加入断点进行 debug 跟踪，以便加深理解。

Spring WebFlux 的异步非阻塞处理

本章主要讲解 Spring 框架 5.0 中引入的新的 WebFlux 技术栈，并介绍其存在的价值与意义、并发模型与适用场景、如何基于 WebFlux 实现异步编程，以及其内部的实现原理。

7.1　Spring WebFlux 概述

Spring 框架中包含的原始 Web 框架 Spring Web MVC 是专为 Servlet API 和 Servlet 容器构建的。反应式栈的 Web 框架 Spring WebFlux 则是在 Spring 5.0 版中才添加的，它是完全无阻塞的，支持 Reactive Streams 回压，并可以在 Netty、Undertow 和 Servlet 3.1+ 容器等服务器上运行。其中，WebFlux 中的 Flux 源自 Reactor 库中的 Flux 流对象。图 7-1 左侧所示是 spring-webmvc 模块提供的基于 Servlet 的传统 Spring MVC 技术栈，右侧所示是 spring-webflux 模块的反应式编程技术栈（Reactive Stack）。

Servlet API 最初是为了通过 Filter → Servlet 链进行单次传递而构建的。Servlet 3.0 规范中添加的异步请求处理允许应用程序及时退出 Filter-Servlet 链（及时释放容器线程），但保持响应打开以便异步线程进行后续处理。Spring MVC 的异步处理支持是围绕该机制构建的。当 controller 返回 DeferredResult 时，将退出 Filter-Servlet 链，并释放 Servlet 容器线程。稍后，当设置 DeferredResult 时，会对请求进行重新分派，使用 DeferredResult 值（就像 controller 返回它一样）以恢复处理。

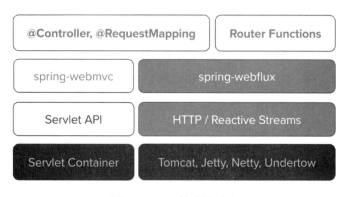

图 7-1　Web 技术栈对比

相比之下，Spring WebFlux 既不是基于 Servlet API 构建的，也不需要额外的异步请求处理功能，因为它在设计上是异步的。其对异步的处理是内置于框架规范中的，并通过请求处理的所有阶段进行内在支持。

从编程模型的角度来看，Spring MVC 和 Spring WebFlux 都支持异步和反应式作为 controller 方法中的返回值。Spring MVC 甚至支持流媒体，包括反应性回压功能，但是其对响应的写入仍然是阻塞的（并且在单独的线程上执行），Servlet 3.1 确实为非阻塞 IO 提供了 API，但是使用它会远离 Servlet API 的其余部分，比如其规范是同步的（Filter，Servlet）或阻塞的（getParameter，getPart）。WebFlux 则不同，其依赖于非阻塞 IO，并且每次写入都不需要额外的线程进行支持。

7.2　Reactive 编程 & Reactor 库

前面章节我们讲解过 Reactive(反应式编程)，其是指围绕变化做出反应的编程模型，比如对 IO 事件做出反应的网络组件、对鼠标事件做出反应的 UI 控制器等。从这个意义上说，非阻塞是被动的，因为我们现在处于一种模式，即在操作完成或数据可用时对结果做出反应。

Reactive Streams 是一个规范（在 Java 9 中也采用），用于定义具有回压的异步组件之间的交互。例如，数据存储库（充当发布者）可以产生数据（从数据库迭代出数据），然后 HTTP 服务器（充当订阅服务器）可以把迭代出的数据写入请求响应中，那么数据库中迭代数据的快慢就取决于 HTTP 服务器向响应对象里面写入的快慢。 Reactive Streams 的主要目的是让订阅者控制发布者生成数据的速度。

另外 Reactive Streams 的目的是建立回压的一种机制和一个边界限制，如果发布者不能降低自己生产数据的速度，那么它要决定是否缓存、丢失或者报错失败。

Reactive Streams 在互操作性方面发挥着重要作用。它对库和基础架构组件很有用，但作为应用程序 API 不太有用，因为它太低级了。应用程序需要更高级别和更丰富的功能 API 来组成异步逻辑——类似于 Java 8 Stream API，但其不仅适用于集合。这是 Reactive 库所扮演的角色，Java 中已有的 Reactive 库有 Reactor 和 RxJava，Spring 团队认为 Reactor 是 Spring WebFlux 的首选 Reactive 库。Reactor 提供 Mono 和 Flux API 流类型，其提供了与 ReactiveX 词汇表对齐的丰富运算符，处理 0..1(Mono) 和 0..N(Flux) 的数据序列。 Reactor 是一个 Reactive Streams 库，因此它的所有运营商都支持非阻塞反压功能，它是与 Spring 合作开发的。

WebFlux 要求 Reactor 作为核心依赖，但它可以通过 Reactive Streams 与其他反应库（比如 RxJava）进行交互操作。作为一般规则，WebFlux API 接收普通 Publisher 作为输入，在内部使其适配 Reactor 类型，使用它并返回 Flux 或 Mono 作为输出。因此，可以将任何 Publisher 作为输入传递，并且可以对输出应用操作符，但是需要调整输出以与其他类型的反应库（例如 RxJava）一起使用。只要可行（例如带注解的 controller），WebFlux 就会透明地适配 RxJava 或其他反应库的使用。

7.3 WebFlux 服务器

Spring WebFlux 可以在 Tomcat、Jetty、Servlet 3.1+ 容器以及非 Servlet 容器（如 Netty 和 Undertow）上运行。所有服务器都适用于低级别的通用 API，因此可以跨服务器支持更高级别的编程模型。

Spring WebFlux 没有内置用来启动或停止服务器的功能，但是可以通过 Spring 配置和 WebFlux 基础架构组装应用程序，写简单的几行代码就可以启动服务器。

Spring Boot 有一个 WebFlux 启动器（starter），可以自动启动。另外默认情况下，starter 使用 Netty 作为服务器（基于 reactor-netty 支持），可以通过更改 Maven 或 Gradle 依赖项轻松切换到 Tomcat、Jetty 或 Undertow 服务器。Spring Boot 之所以默认用 Netty 作为服务器，是因为 Netty 在异步、非阻塞领域中使用得比较广泛，并允许客户端和服务器共享资源（比如共享 NioEventLoopGroup）。

Tomcat、Jetty 容器可以与 Spring MVC、WebFlux 一起使用。但请记住，它们的使用方式不同。Spring MVC 依赖于 Servlet 阻塞 IO，并允许应用程序在需要时直接使用 Servlet API。 Spring WebFlux 依赖于 Servlet 3.1 非阻塞 IO，并在低级适配器后面使用 Servlet API，而不是直接使用。

Undertow 作为服务器时，Spring WebFlux 直接使用 Undertow API 而不使用 Servlet API。

那么 WebFlux 是如何做到平滑地切换不同服务器的呢？在 WebFlux 中 HttpHandler 有一个简单的规范，只有一个方法来处理请求和响应：

```
public interface HttpHandler {
    /**
     * Handle the given request and write to the response.
     * @param request current request
     * @param response current response
     * @return indicates completion of request handling
     */
     Mono<Void> handle(ServerHttpRequest request, ServerHttpResponse
response);

}
```

该方法是故意被设计为最小化的，它的主要目的是成为不同 HTTP 服务器 API 的最小抽象，而且 WebFlux 底层基础设施是基于其进行编程的，所以不同类型的服务器只需要添加一个适配器来适配 HttpHandler 即可，主要服务器与其对应的适配器如表 7-1 所示。

表 7-1　服务器类型

服务器	HttpHandler 适配器
Reactor Netty	ReactorHttpHandlerAdapter
Undertow	UndertowHttpHandlerAdapter
Tomcat	TomcatHttpHandlerAdapter
Jetty	JettyHttpHandlerAdapter

比如，基于 Reactor Netty 实现服务器时，可以使用下面代码适配 HttpHandler 并启动服务器：

```
HttpHandler handler = ...
ReactorHttpHandlerAdapter adapter = new ReactorHttpHandlerAdapter(handler);
HttpServer.create(host, port).newHandler(adapter).block();
```

Netty 服务器启动后会监听客户端的请求，当 boss IO 线程接收到完成 TCP 三次握手的请求后，会把连接套接字通道传递给 worker IO 线程进行具体处理，后者则会调用适配器 ReactorHttpHandlerAdapter 的 apply 方法进行处理，然后适配器就会把请求再转发给基础层的 HttpHandler 的实现类 HttpWebHandlerAdapter 的 handle 方法进行处理，其内部则会调用请求分配器 DispatcherHandler 的 handle 方法把请求分配到具体的 controller 进行执行。

比如，基于 Tomcat 实现服务器时，可以使用下面的代码适配 HttpHandler 并启动服务器：

```
HttpHandler handler = ...
Servlet servlet = new TomcatHttpHandlerAdapter(handler);

Tomcat server = new Tomcat();
File base = new File(System.getProperty("java.io.tmpdir"));
Context rootContext = server.addContext("", base.getAbsolutePath());
Tomcat.addServlet(rootContext, "main", servlet);
rootContext.addServletMappingDecoded("/", "main");
server.setHost(host);
server.setPort(port);
server.start();
```

Tomcat 服务器启动后会监听客户端的请求，当请求监听线程接收到完成 TCP 三次握手的请求后，会把请求交给 Tomcat 容器内的 HTTP 处理器（比如 Http11Processor）

进行处理，后者则会使请求经过一层层容器后再经过 Filter 链调用到 Tomcat 的 TomcatHttpHandlerAdapter 适配器的 service 方法，然后适配器就会把请求转发给基础层的 HttpHandler 的实现类 HttpWebHandlerAdapter 的 handle 方法进行处理，其内部则会调用请求分配器 DispatcherHandler 的 handle 方法把请求分配到具体的 controller 进行执行。

在 WebFlux 提供的 HttpHandler 层以下是通用的基础设施，上层具体服务器只需要创建自己的适配器，即可方便地使用 WebFlux 底层功能。

7.4　WebFlux 的并发模型

Spring MVC 和 Spring WebFlux 都支持带注解的 controllers，但并发模型和对线程是否阻塞的假设存在关键差异。

在 Spring MVC（及一般的 Servlet 应用程序）中，假设应用程序可以阻塞当前线程（例如远程过程调用），则 Servlet 容器一般使用大型线程池来化解请求期间的潜在阻塞问题。

在 Spring WebFlux（以及一般的非阻塞服务器，例如 Netty）中，假设应用程序不会阻塞，因此非阻塞服务器使用小的固定大小的线程池（事件循环 IO 工作线程）来处理请求。

如果确实需要使用阻塞库，该怎么办？ Reactor 和 RxJava 分别提供了 publishOn 和 observeOn 运算符将流上的后续操作切换到其他的线程上进行处理。这意味着在阻塞 API 方案中，有一个简单的适配方案。但请记住，阻塞 API 不适合这种并发模型。

在 Reactor 和 RxJava 中，可以使用操作符声明逻辑，并且在运行时形成一个反应流，其中数据在不同的阶段按顺序处理。这样做的一个主要好处是它可以使应用程序中的数据处于线程安全的状态，因为该反应流中的应用程序代码永远不会被并发调用。

7.5 WebFlux 对性能的影响

反应式和非阻塞编程通常不会使应用程序运行得更快，虽然在某些情况下它们可以（例如使用 WebClient 并行执行远程调用）做到更快。相反以非阻塞的方式来执行，需要做更多的额外工作，并且可能会增加处理所需的时间。

反应式和非阻塞的关键好处是能够使用少量固定数量的线程和更少的内存实现系统可伸缩性。这使得应用程序在负载下更具弹性，因为它们以更可预测的方式扩展。但是为了得到这些好处，需要付出一些代价（比如不可预测的网络 IO）。

7.6 WebFlux 的编程模型

spring-web 模块包含作为 Spring WebFlux 基础的反应式基础，包括 HTTP 抽象，支持服务器的反应流适配器（Reactive Streams Adapter）、编解码器（codecs），以及与 Servlet API 等价但具有非阻塞规范的核心 WebHandler API。

在此基础上，Spring WebFlux 提供了两种编程模型以供选择：

- 带注解的 controller（Annotated Controller）：与 Spring MVC 一致，并基于 spring-web 模块的相同注解。Spring MVC 和 WebFlux 控制器都支持反应式返回类型，因此，要区分它们并不容易。一个值得注意的区别是，WebFlux 还支持反应式 @RequestBody 参数。
- 函数式端点（Functional Endpoint）：基于 Lambda，轻量级和函数式编程模型。可以将其视为一个小型库或一组可用于路由和处理请求的应用程序。与带注解的控制器的最大区别在于，应用程序负责从开始到结束的请求处理，而不是通过注解声明并被回调。

上面介绍的两种编程模型只是在使用风格上有所不同，最终在反应式底层基础架构运行时是相同的。WebFlux 需要底层提供运行时的支持，如前文所述，WebFlux 可以在 Tomcat、Jetty、Servlet 3.1+ 容器及非 Servlet 容器（如 Netty 和 Undertow）上运行。

7.6.1　WebFlux 注解式编程模型

前面我们介绍了关于 WebFlux 的内容，下面我们就看看如何使用注解式 Controllers 来使用 WebFlux。Spring WebFlux 提供了基于注释的编程模型，其中 @Controller 和 @RestController 组件使用注释来表达请求映射、请求输入、处理异常等。带注释的 Controllers 具有灵活的方法签名，并且不用继承基类，也不必实现特定的接口。

下面首先通过一个简单的例子来体验注解编程模型：

```
@RestController
public class PersonHandler {

    @GetMapping("/getPerson")
    Mono<String> getPerson() {
        return Mono.just("jiaduo");
    }
}
```

如上代码，controller 类 PersonHandler 中的 getPerson 方法的作用是返回一个名称，这里不是简单地返回一个 String，而是返回了一个反应式流对象 Mono。在 Reactor 中，每个 Mono 包含 0 个或者 1 个元素。也就是说，WebFlux 与 Spring MVC 的不同之处在于，它返回的都是 Reactor 库中的反应式类型 Mono 或者 Flux 对象。

如果 controller 方法要返回的元素不止一个怎么办？这时候返回值可以设置为 Flux 类型：

```
@RestController
public class PersonHandler {

    @GetMapping("/getPersonList")
    Flux<String> getPersonList() {
        return Flux.just("jiaduo", "zhailuxu", "guoheng");
    }
}
```

如上代码，getPersonList 方法返回了一个 Flux 流对象，在 Reactor 库中每个 Flux 代表 0 个或者多个对象。

需要注意的是，WebFlux 默认运行在 Netty 服务器上，这时候 WebFlux 上处理请求的线程模型如图 7-2 所示。

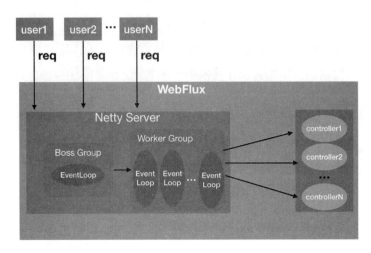

图 7-2　WebFlux 线程模型

比如，当我们访问 http://127.0.0.1:8080/getPersonList 时，WebFlux 底层的 NettyServer 的 Boss Group 线程池内的事件循环就会接收这个请求，然后把完成 TCP 三次握手的连接 channel 交给 Worker Group 中的某一个事件循环线程来进行处理。该事件处理线程会调用对应的 controller 进行处理（这里是指 PersonHandler 的 getPersonList 方法进行处理），也就是说，controller 的执行是使用 Netty 的 IO 线程进行执行的。如果 controller 的执行比较耗时，则会把 IO 线程耗尽，从而不能再处理其他请求。

大家可以把代码修改为如下形式，然后看看执行线程是不是 NIO 线程。

```java
@RestController
public class PersonHandler {

    @GetMapping("/getPersonList")
    Flux<String> getPersonList() {
        return Flux.just("jiaduo", "zhailuxu", "guoheng").map(e -> {
            System.out.println(Thread.currentThread().getName());
            return e;
        });
    }
```

启动服务后，会在控制台输出如下结果（注意，这里 nio-2 中的线程编号 "2" 是随机的，真正运行时候可能不是 2）：

```
reactor-http-nio-2
reactor-http-nio-2
reactor-http-nio-2
```

由上可知，Controller 是在 Netty 的 IO 线程上执行的。

为了能够让 IO 线程及时得到释放，我们可以在反应式类型上施加 publishOn 运算，让 controller 逻辑的执行切换到其他线程，以便及时释放 IO 线程。修改上面代码为如下形式：

```
@RestController
public class PersonHandler {
    @GetMapping("/getPersonList")
    Flux<String> getPersonList() {
        return Flux.just("jiaduo", "zhailuxu", "guoheng")
                .publishOn(Schedulers.elastic())//1.1 切换到异步线程执行
                .map(e -> {//1.2打印调用线程
            System.out.println(Thread.currentThread().getName());
            return e;
        });
    }
```

如上述代码 1.1 所示，在 Flux 流上调用了 publishOn(Schedulers.elastic()) 让后续对元素的处理切换到线程池 Schedulers.elastic()，然后 Netty 的 IO 线程就可以被及时释放了。这时启动服务后，在控制台会输出（注意，这里 elastic-2 中的线程编号 "2" 是随机的，真正运行时可能不是 2）：

```
elastic-2
elastic-2
elastic-2
```

由上可知，现在元素处理使用的是 elastic 线程池中的线程，而不再是 Netty IO 线程。

另外，线程调度器 Schedulers 也提供了让我们制定自己的线程池来执行异步任务的功能。修改上面代码为如下形式：

```
@RestController
public class PersonHandler {
    // 1.0创建线程池
    private static final ThreadPoolExecutor bizPoolExecutor = new
ThreadPoolExecutor(8, 8, 1, TimeUnit.MINUTES,
            new LinkedBlockingQueue<>(10));

    @GetMapping("/getPersonList")
    Flux<String> getPersonList() {
        return Flux.just("jiaduo", "zhailuxu", "guoheng")
                .publishOn(Schedulers.fromExecutor(bizPoolExecutor))//1.1 切
换到异步线程执行
                .map(e -> {//1.2打印调用线程
            System.out.println(Thread.currentThread().getName());
            return e;
        });
    }
```

如上述代码 1.0 所示，我们创建了自己的线程池，然后使用 Schedulers.fromExecutor (bizPoolExecutor) 转换我们自己的线程池为 WebFlux 所需的 Scheduler，这样在处理元素时就会使用我们自己的线程池线程进行处理。

7.6.2　WebFlux 函数式编程模型

Spring WebFlux 包括轻量级的函数式编程模型，其中函数用于路由和处理请求，并且其规范是为不变性而设计的。函数式编程模型是基于注解的编程模型的替代方案，但两者都在相同的 Reactive Core 基础库上运行。

在 WebFlux 的函数式编程模型中，使用 HandlerFunction 处理 HTTP 请求，Handler Function 是一个接收 ServerRequest 并返回延迟写入结果的（delayed）ServerResponse （即 Mono）的函数。HandlerFunction 相当于在基于注解的编程模型中标注 @Request Mapping 注解的方法体。

WebFlux 服务器接收请求后，会将请求路由到带有 RouterFunction 的处理函数，RouterFunction 是一个接收 ServerRequest 并返回延迟的 HandlerFunction（即 Mono）的函数。当路由函数匹配时，返回一个处理函数；否则返回一个空的 Mono 流对象。

RouterFunction 相当于 @RequestMapping 注解本身，两者的主要区别在于，路由器功能
不仅提供数据，还提供行为。

RouterFunctions.route() 方法则提供了一个便于创建路由规则的路由构建器，如以
下代码所示：

```
@Configuration
public class FunctionModelConfig {

    @Bean
    public FunctionPersonHandler  handler() {
        return new FunctionPersonHandler();
    }
    @Bean
    public RouterFunction<ServerResponse>routerFunction(final
FunctionPersonHandler handler) {
        RouterFunction<ServerResponse> route =  RouterFunctions.route()//1
                .GET("/getPersonF",RequestPredicates.accept(MediaType.
APPLICATION_JSON), handler::getPerson)//2
                .GET("/getPersonListF",RequestPredicates.accept(MediaType.
APPLICATION_JSON), handler::getPersonList)//3
                .build();//4

        return route;
    }
}

public class FunctionPersonHandler {
    // 1.0创建线程池
    private static final ThreadPoolExecutor bizPoolExecutor = new
ThreadPoolExecutor(8, 8, 1, TimeUnit.MINUTES,
            new LinkedBlockingQueue<>(10));

    Mono<ServerResponse> getPersonList(ServerRequest request) {
        // 1.根据request查找person列表
        Flux<String> personList = Flux.just("jiaduo", "zhailuxu", "guoheng")
                .publishOn(Schedulers.fromExecutor(bizPoolExecutor))// 1.1 切
换到异步线程执行
                .map(e -> {// 1.2打印调用线程
                    System.out.println(Thread.currentThread().getName());
                    return e;
                });
```

```
        // 2.返回查找结果
          return ServerResponse.ok().contentType(MediaType.APPLICATION_JSON).
body(personList, String.class);
    }

    Mono<ServerResponse> getPerson(ServerRequest request) {
        // 1.根据request查找person,
        Mono<String> person = Mono.just("jiaduo");
        // 2.返回查找结果
          return ServerResponse.ok().contentType(MediaType.APPLICATION_JSON).
body(person, String.class);
    }
}
```

如上述代码所示，创建了一个 FunctionPersonHandler，用来提供不同的 Handler-Function 对不同请求进行处理。这里 getPersonList(ServerRequest request) 和 getPerson (ServerRequest request) 方法就是 HandlerFunction。

getPerson 方法内创建了一个 Mono 对象作为查找结果，然后调用 ServerResponse. ok() 创建一个响应结果，并且设置响应的 contentType 为 JSON，响应体为创建的 person 对象。与 getPersonList 方法类似，只不过 getPerson 方法创建了 Flux 对象作为响应体内容。

routerFunction 方法创建 RouterFunction 的核心逻辑，其中代码 1 创建一个 Router Function 的 builder 对象；代码 2 注册 GET 方式请求的路由，意思是当用户访问 /getPersonF 路径的请求时，若 accept 头中匹配 JSON 类型数据，则使用 FunctionPersonHandler 类中的 getPerson 方法进行处理；代码 3 注册 GET 方式请求的路由，意思是当用户访问 / getPersonListF 路径的请求时，若 accept 头中匹配 JSON 类型数据，则使用 Function-PersonHandler 类中的 getPersonList 方法进行处理。

本地启动服务后，当访问 http://127.0.0.1:8080/getPersonListF 时，服务控制台会输出类似下面的代码：

```
pool-2-thread-1
pool-2-thread-2
pool-2-thread-2
```

由上可知，controller 方法是在业务线程内异步执行的，这和注解编程的执行逻辑是一致的。

7.7　WebFlux 原理浅尝

本节基于 Netty 作为服务器来讲解 WebFlux 的实现原理。

7.7.1　Reactor Netty 概述

Netty 作为服务器时，其底层是基于 Reactor Netty 来进行反应式流支持的。Reactor Netty 提供基于 Netty 框架的无阻塞和回压的 TCP / HTTP / UDP 客户端和服务器。在 WebFlux 中主要使用其创建的 HTTP 服务器，Reactor Netty 提供易于使用且易于配置的 HttpServer 类。它隐藏了创建 HTTP 服务器所需的大部分 Netty 功能，并添加了 Reactive Streams 回压。

想要使用 Reactor Netty 库提供的功能，首先需要通过以下代码将库添加到 pom.xml 中来导入 BOM：

```
<dependencyManagement>
    <dependencies>
        <dependency>
            <groupId>io.projectreactor</groupId>
            <artifactId>reactor-bom</artifactId>
            <version>Californium-RELEASE</version>
            <type>pom</type>
            <scope>import</scope>
        </dependency>
    </dependencies>
</dependencyManagement>
```

然后需要像往常一样将依赖项添加到相关的 reactor 项目中（不需要加 version 标签）。以下代码显示了如何执行此操作：

```
<dependencies>
    <dependency>
```

```
        <groupId>io.projectreactor.netty</groupId>
        <artifactId>reactor-netty</artifactId>
    </dependency>
</dependencies>
```

要启动 HTTP 服务器，必须要创建和配置 HttpServer 实例。默认情况下，主机（Host）配置为任何本地地址，并且系统在调用绑定操作时可选取临时端口（port）。以下示例显示如何创建 HttpServer 实例：

```
import reactor.core.publisher.Mono;
import reactor.netty.DisposableServer;
import reactor.netty.http.server.HttpServer;

public class ReactorNetty {
    public static void main(String[] args) {
        DisposableServer server = HttpServer.create()//1.创建http服务器
                .host("localhost")//2.设置host
                .port(8080)//3.设置监听端口
                .route(routes -> routes//4.设置路由规则
                        .get("/hello", (request, response) -> response.
sendString(Mono.just("Hello World!")))
                        .post("/echo", (request, response) -> response.
send(request.receive().retain()))
                        .get("/path/{param}",
                                (request, response) -> response.
sendString(Mono.just(request.param("param"))))
                        .ws("/ws", (wsInbound, wsOutbound) -> wsOutbound.
send(wsInbound.receive().retain())))
                .bindNow();

        server.onDispose().block();//5.阻塞方式启动服务器,同步等待服务停止
    }
}
```

由上述代码可知：

- 代码 1 创建了一个待配置的 HttpServer。
- 代码 2 配置 HTTP 服务的主机。
- 代码 3 配置 HTTP 服务的监听端口号。
- 代码 4 配置 HTTP 服务路由，为访问路径 /hello 提供 GET 请求并返回"Hello World!"；为访问路径 /echo 提供 POST 请求，并将收到的请求正文作为响

应返回；为访问路径 /path/{param} 提供 GET 请求并返回 path 参数的值；将
websocket 提供给 / ws 并将接收的传入数据作为传出数据返回。

- 代码 5 调用代码 1 返回的 DisposableServer 的 onDispose() 方法并以阻塞的方式
等待服务器关闭。

运行上面代码，在浏览器中输入 http://127.0.0.1:8080/hello，若在页面上显示出
"Hello World!"，说明我们的 HTTP 服务器生效了。

7.7.2　WebFlux 服务器启动流程

本节我们结合 SpringBoot 的启动流程讲解 WebFlux 服务启动流程，首先我们看一
下启动时序图，如图 7-3 所示。

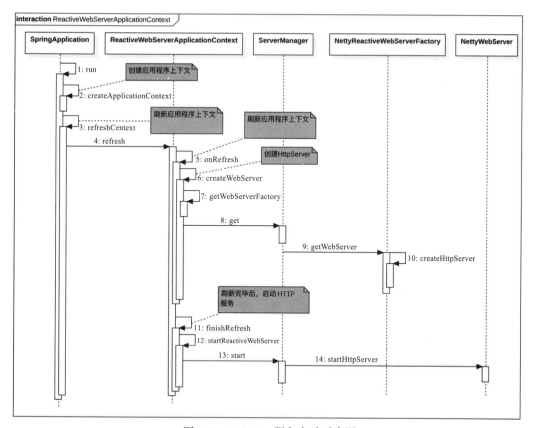

图 7-3　WebFlux 服务启动时序图

图 7-3 中的步骤 1 通过 createApplicationContext 创建了应用程序上下文 Annotation
ConfigReactiveWebServerApplicationContext，其代码如下：

```
protected ConfigurableApplicationContext createApplicationContext() {
    Class<?> contextClass = this.applicationContextClass;
    if (contextClass == null) {
        try {
            //a 环境类型
            switch (this.webApplicationType) {
            case SERVLET://a.1 Web servlet环境
                contextClass = Class.forName(DEFAULT_SERVLET_WEB_CONTEXT_
CLASS);
                break;
            case REACTIVE://a.2 Web Reactive环境
                contextClass = Class.forName(DEFAULT_REACTIVE_WEB_CONTEXT_
CLASS);
                break;
            default://a.3 非Web环境
                contextClass = Class.forName(DEFAULT_CONTEXT_CLASS);
            }
        }
        catch (ClassNotFoundException ex) {
            throw new IllegalStateException(
                    "Unable create a default ApplicationContext, "
                            + "please specify an ApplicationContextClass",
                    ex);
        }
    }
    return (ConfigurableApplicationContext) BeanUtils.
instantiateClass(contextClass);
}

//默认非Web环境时
public static final String DEFAULT_CONTEXT_CLASS = "org.springframework.
context."
        + "annotation.AnnotationConfigApplicationContext";

//web Servlet环境时默认的上下文
public static final String DEFAULT_SERVLET_WEB_CONTEXT_CLASS = "org.
springframework.boot."
        + "web.servlet.context.AnnotationConfigServletWebServerApplicationCon
text";

//反应式Web环境时默认的上下文
```

```
public static final String DEFAULT_REACTIVE_WEB_CONTEXT_CLASS = "org.
springframework."
        + "boot.web.reactive.context.AnnotationConfigReactiveWebServerApplica
tionContext";
```

如上述代码所示，创建容器应用程序上下文时应根据环境类型的不同而创建不同的
应用程序上下文。本节我们使用的是反应式 Web 环境，所以创建的应用程序上下文是
AnnotationConfigReactiveWebServerApplicationContext 的实例。

那么环境类型 webApplicationType 是如何确定的呢？其实是在创建 SpringApplication
的构造函数内确定的：

```
public SpringApplication(ResourceLoader resourceLoader, Class<?>...
primarySources) {
    ...
    this.webApplicationType = WebApplicationType.deduceFromClasspath();
    ...
}
```

下面我们看 WebApplicationType 的 deduceFromClasspath 方法：

```
static WebApplicationType deduceFromClasspath() {
    //b.判断是不是REACTIVE类型
    if (ClassUtils.isPresent(WEBFLUX_INDICATOR_CLASS, null)
            && !ClassUtils.isPresent(WEBMVC_INDICATOR_CLASS, null)
            && !ClassUtils.isPresent(JERSEY_INDICATOR_CLASS, null)) {
        return WebApplicationType.REACTIVE;
    }
    //c.判断是不是非Web类型
    for (String className : SERVLET_INDICATOR_CLASSES) {
        if (!ClassUtils.isPresent(className, null)) {
            return WebApplicationType.NONE;
        }
    }

    //SERVLET环境
    return WebApplicationType.SERVLET;
}

//spring mvc 分派器
private static final String WEBMVC_INDICATOR_CLASS = "org.springframework."
        + " web.servlet.DispatcherServlet";
```

```
// reactive web分派器
private static final String WEBFLUX_INDICATOR_CLASS = "org."
        + "springframework.web.reactive.DispatcherHandler";
//Jersey Web 项目容器类
private static final String JERSEY_INDICATOR_CLASS = "org.glassfish.jersey.
servlet.ServletContainer";
//Servlet容器所需要的类
private static final String[] SERVLET_INDICATOR_CLASSES = { "javax.servlet.
Servlet",
            "org.springframework.web.context.ConfigurableWebApplicationConte
xt" };
```

如上述代码所示，deduceFromClasspath 方法是根据 classpath 下是否有对应的 Class
字节码文件存在来决定当前是什么环境的。

下面我们看图 7-3 中步骤 3 是如何创建并启动 HTTP 服务器的。在 Spring 上下文
刷新的 onRefresh 阶段调用了 createWebServer 方法来创建 Web 服务器，其内部调用
getWebServerFactory 来获取 Web 服务器工厂。getWebServerFactory 代码如下：

```
protected ReactiveWebServerFactory getWebServerFactory() {
    //d 从bean工厂中获取所有ReactiveWebServerFactory类型的Bean实例的名字
    String[] beanNames = getBeanFactory()
            .getBeanNamesForType(ReactiveWebServerFactory.class);
    //e 不存在则抛出异常
    if (beanNames.length == 0) {
        throw new ApplicationContextException(
                "Unable to start ReactiveWebApplicationContext due to missing "
                    + "ReactiveWebServerFactory bean.");
    }
    if (beanNames.length > 1) {
        throw new ApplicationContextException(
                "Unable to start ReactiveWebApplicationContext due to multiple "
                    + "ReactiveWebServerFactory beans : "
                    + StringUtils.arrayToCommaDelimitedString(beanNames));
    }
    //f 存在则获取第一个实例
    return getBeanFactory().getBean(beanNames[0], ReactiveWebServerFactory.class);
}
```

如上述代码所示，从应用程序上下文对应的 Bean 工厂中获取 ReactiveWebServerFactory
的实例，以便后面创建 Web 服务器。那么 ReactiveWebServerFactory 的实现类的实例什么

时候注入上下文容器中呢？其实这是借助了 Springboot 的 autoconfigure 机制，autoconfigure 机制会自动把 ReactiveWebServerFactory 的实现类 NettyReactiveWebServer Factory 注入容器内。

具体注入哪个 ReactiveWebServerFactory 的实现类，是 ReactiveWebServerFactoryConfiguration 根据 autoconfigure 机制来做的，其代码如下：

```
class ReactiveWebServerFactoryConfiguration {

    //f.1将NettyReactiveWebServerFactory注入容器
    @Configuration
    @ConditionalOnMissingBean(ReactiveWebServerFactory.class)
    @ConditionalOnClass({ HttpServer.class })
    static class EmbeddedNetty {

        @Bean
        public NettyReactiveWebServerFactory nettyReactiveWebServerFactory() {
            return new NettyReactiveWebServerFactory();
        }

    }
    //f.2注入TomcatReactiveWebServerFactory实例
    @Configuration
    @ConditionalOnMissingBean(ReactiveWebServerFactory.class)
    @ConditionalOnClass({ org.apache.catalina.startup.Tomcat.class })
    static class EmbeddedTomcat {

        @Bean
        public TomcatReactiveWebServerFactory tomcatReactiveWebServerFactory() {
            return new TomcatReactiveWebServerFactory();
        }

    }
    //f.3注入JettyReactiveWebServerFactory实例
    @Configuration
    @ConditionalOnMissingBean(ReactiveWebServerFactory.class)
    @ConditionalOnClass({ org.eclipse.jetty.server.Server.class })
    static class EmbeddedJetty {

        @Bean
        public JettyReactiveWebServerFactory jettyReactiveWebServerFactory() {
            return new JettyReactiveWebServerFactory();
```

```
        }

    }
    //f.4注入UndertowReactiveWebServerFactory实例
    @ConditionalOnMissingBean(ReactiveWebServerFactory.class)
    @ConditionalOnClass({ Undertow.class })
    static class EmbeddedUndertow {

        @Bean
        public UndertowReactiveWebServerFactory undertowReactiveWebServerFactory() {
            return new UndertowReactiveWebServerFactory();
        }
    }
}
```

比如代码 f.1，如果当前容器上下文中不存在 ReactiveWebServerFactory 的实例，并且 classpath 下存在 HttpServer 的 class 文件，则说明当前环境为 Reactive 环境，则注入 NettyReactiveWebServerFactory 到容器。

比如代码 f.2，如果当前容器上下文中不存在 ReactiveWebServerFactory 的实例，并且 classpath 下存在 org.apache.catalina.startup.Tomcat 的 class 文件，则说明当前环境为 Servlet 环境，并且 Servlet 容器为 Tomcat，则将 TomcatReactiveWebServerFactory 实例注入容器。

找到对应的 ReactiveWebServerFactory 工厂实例后，如图 7-3 所示，步骤 8 创建了 ServerManager 的实例，代码如下：

```
public static ServerManager get(ReactiveWebServerFactory factory) {
    return new ServerManager(factory);
}
```

其中 ServerManager 的构造函数如下：

```
private ServerManager(ReactiveWebServerFactory factory) {
    this.handler = this::handleUninitialized;
    this.server = factory.getWebServer(this);
}
```

由上可知，调用 NettyReactiveWebServerFactory 的 getWebServer 方法创建了 Web 服务器，其代码如下：

```
public WebServer getWebServer(HttpHandler httpHandler) {
    //I
    HttpServer httpServer = createHttpServer();
    //II
    ReactorHttpHandlerAdapter handlerAdapter = new ReactorHttpHandlerAdapter(
            httpHandler);
    //III
    return new NettyWebServer(httpServer, handlerAdapter, this.
lifecycleTimeout);
}
```

如上代码 I 所示，其通过 createHttpServer 创建了 HTTPServer，其代码如下（使用 reactor Netty 的 API 创建了 HTTP Server）：

```
private HttpServer createHttpServer() {
        return HttpServer.builder().options((options) -> {
            options.listenAddress(getListenAddress());
            if (getSsl() != null && getSsl().isEnabled()) {
                SslServerCustomizer sslServerCustomizer = new
SslServerCustomizer(
                        getSsl(), getSslStoreProvider());
                sslServerCustomizer.customize(options);
            }
            if (getCompression() != null && getCompression().getEnabled()) {
                CompressionCustomizer compressionCustomizer = new
CompressionCustomizer(
                        getCompression());
                compressionCustomizer.customize(options);
            }
            applyCustomizers(options);
        }).build();
    }
```

代码 II 创建了与 Netty 对应的适配器类 ReactorHttpHandlerAdapter。

代码 III 创建了一个 NettyWebServer 的实例，其包装了适配器和 HTTPserver 实例。

到这里我们如何创建 HTTPServer 就讲解完了。

下面我们看图 7-3 中所示步骤 11 是如何启动服务的。在应用程序上下文刷新的 finishRefresh 阶段调用了 startReactiveWebServer 方法来启动服务，其代码如下：

```
private WebServer startReactiveWebServer() {
    ServerManager serverManager = this.serverManager;
    ServerManager.start(serverManager, this::getHttpHandler);
    return ServerManager.getWebServer(serverManager);
}
```

如上代码所示，首先调用了 getHttpHandler 来获取处理器：

```
protected HttpHandler getHttpHandler() {
    // Use bean names so that we don't consider the hierarchy
    String[] beanNames = getBeanFactory().getBeanNamesForType(HttpHandler.class);
    if (beanNames.length == 0) {
        throw new ApplicationContextException(
                "Unable to start ReactiveWebApplicationContext due to missing
HttpHandler bean.");
    }
    if (beanNames.length > 1) {
        throw new ApplicationContextException(
                "Unable to start ReactiveWebApplicationContext due to
multiple HttpHandler beans : "
                        + StringUtils.arrayToCommaDelimitedString(beanNames));
    }
    return getBeanFactory().getBean(beanNames[0], HttpHandler.class);
}
```

如上代码所示，其中获取了应用程序上下文中 HttpHandler 的实现类，这里为
HttpWebHandlerAdapter。然后调用 ServerManager.start 启动了服务，其代码如下：

```
public static void start(ServerManager manager,
        Supplier<HttpHandler> handlerSupplier) {
    if (manager != null && manager.server != null) {
        manager.handler = handlerSupplier.get();//执行getHttpHandler方法
        manager.server.start();//启动服务
    }
}
```

如上代码所示，首先把 HttpWebHandlerAdapter 实例保存到了 ServerManager 内部，
然后启动 ServerManager 中的 NettyWebServer 服务器。NettyWebServer 的 start 方法代
码如下：

```
public void start() throws WebServerException {
    //IV具体启动服务
```

```
    if (this.nettyContext == null) {
        try {
            this.nettyContext = startHttpServer();
        }
        ...
         //开启deamon线程同步等待服务终止
        NettyWebServer.logger.info("Netty started on port(s): " + getPort());
        startDaemonAwaitThread(this.nettyContext);
    }
}

private BlockingNettyContext startHttpServer() {
    if (this.lifecycleTimeout != null) {
        return this.httpServer.start(this.handlerAdapter, this.
lifecycleTimeout);
    }
    return this.httpServer.start(this.handlerAdapter);
}
```

如上代码 IV 所示，其调用了 startHttpServer 启动服务，然后返回了 BlockingNetty
Context 对象，接着调用了 startDaemonAwaitThread 开启 deamon 线程同步等待服务终
止，其代码如下：

```
private void startDaemonAwaitThread(BlockingNettyContext nettyContext) {
    //启动线程
    Thread awaitThread = new Thread("server") {

        @Override
        public void run() {
            //同步阻塞服务停止
            nettyContext.getContext().onClose().block();
        }

    };
    //设置线程为demaon，并启动
    awaitThread.setContextClassLoader(getClass().getClassLoader());
    awaitThread.setDaemon(false);
    awaitThread.start();
}
```

这里之所以开启线程来异步等待服务终止，是因为这样不会阻塞调用线程，如果调
用线程被阻塞了，则整个 SpringBoot 应用就运行不起来了。

7.7.3 WebFlux 一次服务调用流程

前面我们讲解了 WebFlux 服务启动流程，本节我们讲解一次服务调用流程，以 7.6.1 节 controller PersonHandler 中的 getPerson 方法调用流程为例。

当我们在浏览器敲入 http://127.0.0.1:8080/getPerson 时，会向 WebFlux 中的 Netty 服务器发起请求，服务器中的 Boss 监听线程会接收该请求，并在完成 TCP 三次握手后，把连接套接字通道注册到 worker 线程池的某个 NioEventLoop 中来处理，然后该 NioEventLoop 中对应的线程就会轮询该套接字上的读写事件并进行处理。下面我们来看其时序图，如图 7-4 所示。

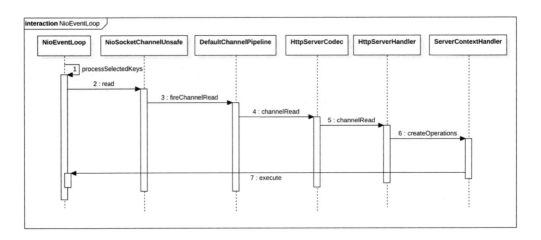

图 7-4　WebFlux 一次服务调用流程

如图 7-4 所示，当注册到 worker 线程池的 NioEventLoop 上的连接套接字有读事件后，会调用 processSelectedKeys 方法进行处理，然后把读取的数据通过与该通道对应的管道 DefaultChannelPipeline 传播到注册的事件处理器进行处理。这里处理器 HttpServerCodec 负责把二进制流解析为 HTTP 请求报文，然后传递到管道后面的处理器 HttpServerHandler 中，HttpServerHandler 会调用 ServerContextHandler 的 createOperations 方法，通过代码 " channel.eventLoop().execute(op::onHandlerStart);" 把 ChannelOperations 的 onHandlerStart 方法作为任务提交到与当前通道对应的 NioEventLoop 管理的队列中。下面我们看 NioEventLoop 中的线程是如何执行该任务的。onHandlerStart 代码如下：

```
protected void onHandlerStart() {
    applyHandler();
}

protected final void applyHandler() {
    try {
        //1.调用适配器ReactorHttpHandlerAdapter的apply方法
        Mono.fromDirect(handler.apply((INBOUND) this, (OUTBOUND) this))
            .subscribe(this);
    }
    catch (Throwable t) {
        channel.close();
    }
}
```

如上述代码 1 所示，调用适配器 ReactorHttpHandlerAdapter 的 apply 方法来具体处理请求，其代码如下：

```
public Mono<Void> apply(HttpServerRequest request, HttpServerResponse
response) {
    ServerHttpRequest adaptedRequest;
    ServerHttpResponse adaptedResponse;
    try {
        //2.创建与reactor对应的请求、响应对象
        adaptedRequest = new ReactorServerHttpRequest(request, BUFFER_
FACTORY);
        adaptedResponse = new ReactorServerHttpResponse(response, BUFFER_
FACTORY);
    }
    catch (URISyntaxException ex) {
        ...
        response.status(HttpResponseStatus.BAD_REQUEST);
        return Mono.empty();
    }

    ...
    //3. 这里httpHandler为ServerManager
    return this.httpHandler.handle(adaptedRequest, adaptedResponse)
            .doOnError(ex -> logger.warn("Handling completed with error: " +
ex.getMessage()))
            .doOnSuccess(aVoid -> logger.debug("Handling completed with
success"));
}
```

然后我们看代码 3 所示的 ServerManager 的 handle 方法：

```
public Mono<Void> handle(ServerHttpRequest request, ServerHttpResponse response) {
    //4.这里handler为HttpWebHandlerAdapter
    return this.handler.handle(request, response);
}
```

接着调用 HttpWebHandlerAdapter 的 handle 方法，其代码如下：

```
public Mono<Void> handle(ServerHttpRequest request, ServerHttpResponse response) {
    //5.创建服务交换对象
    ServerWebExchange exchange = createExchange(request, response);
    //6.这里getDelegate()为DispatcherHandler
    return getDelegate().handle(exchange)
            .onErrorResume(ex -> handleFailure(request, response, ex))
            .then(Mono.defer(response::setComplete));
}

protected ServerWebExchange createExchange(ServerHttpRequest request,
ServerHttpResponse response) {
    return new DefaultServerWebExchange(request, response, this.
sessionManager,
            getCodecConfigurer(), getLocaleContextResolver(), this.
applicationContext);
}
```

最后调用分派器 DispatcherHandler 的 handle 方法进行路由：

```
public Mono<Void> handle(ServerWebExchange exchange) {
    ...
    if (this.handlerMappings == null) {
        return Mono.error(HANDLER_NOT_FOUND_EXCEPTION);
    }
    //7.查找对应的controller进行处理
    return Flux.fromIterable(this.handlerMappings)//7.1获取所有处理器映射
    .concatMap(mapping -> mapping.getHandler(exchange))//7.2转换映射，获取处理器
    .next()//7.3获取第一个元素
    .switchIfEmpty(Mono.error(HANDLER_NOT_FOUND_EXCEPTION))//7.4不存在处理器
    .flatMap(handler -> invokeHandler(exchange, handler))//7.5使用处理器进行处理
    .flatMap(result -> handleResult(exchange, result));//7.6处理处理器处理的结果
}
```

上述代码使用所有请求处理器映射作为 Flux 流的数据源，查找与指定请求对应的处理器。如果没有找到，则使用 Mono.error(HANDLER_NOT_FOUND_EXCEPTION)

创建一个错误信息作为元素；如果找到了，则调用 invokeHandler 方法进行处理，处理完毕调用 handleResult 对结果进行处理。这里我们找到了与 getPerson 对应的处理器 PersonHandler，则 invokeHandler 内会反射调用 PersonHandler 的 getPerson 方法进行执行，然后把结果交给 handleResult 写回响应对象。

7.8　WebFlux 的适用场景

既然 Spring 5 中推出了 WebFlux，那么我们做项目时到底选择使用 Spring MVC 还是 WebFlux？

这是一个自然会想到的问题，但却是不合理的。因为两者的存在并不是矛盾的，利用两者可扩大我们开发时可用选项的范围。两者的设计是为了保持连续性和一致性，它们可以并排使用，每一方的反馈都有利于双方。图 7-5 所示显示了两者之间的关系、共同点以及各自的特性。

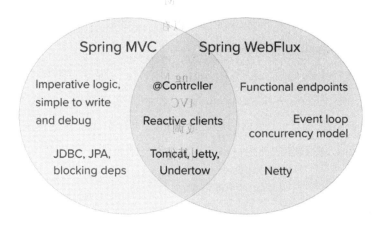

图 7-5　WebFlux 与 Servlet 对比[⊖]

关于是选择 Spring MVC 还是 WebFlux，Spring5 官方文档给出了几点建议：

• 如果你的 Spring MVC 应用程序运行正常，则无须更改。命令式编程是编写、理

⊖　图片来源为 https://docs.spring.io/spring/docs/current/spring-framework-reference/images/spring-mvc-
　　and-webflux-venn.phg。

解和调试代码的最简单方法。

- 如果你已使用非阻塞 Web 栈，则可以考虑使用 WebFlux。因为 Spring WebFlux 提供与此相同的执行模型优势，并且提供了可用的服务器选择（Netty、Tomcat、Jetty、Undertow 和 Servlet 3.1+ 容器），还提供了可选择的编程模型（带注解的 controller 和函数式 Web 端点），以及可选择的反应库（Reactor、RxJava 或其他）。

- 如果你对与 Java 8 Lambdas 或 Kotlin 一起使用的轻量级、功能性 Web 框架感兴趣，则可以使用 Spring WebFlux 函数式 Web 端点。对于较小的应用程序或具有较低复杂要求的微服务而言，这也是一个不错的选择，可以让你从更高的透明度和控制中受益。

- 在微服务架构中，你可以将应用程序与 Spring MVC、Spring WebFlux 控制器、Spring WebFlux 函数式端点混合使用。在两个框架中支持相同的基于注解的编程模型，可以更轻松地重用知识，同时为正确的工作选择合适的工具。

- 评估应用程序的一种简单方法是检查其依赖性。如果你要使用阻塞持久性 API（JPA，JDBC）或网络 API，则 Spring MVC 至少是常见体系结构的最佳选择。从技术上讲，Reactor 和 RxJava 都可以在单独的线程上执行阻塞调用，但是你无法充分利用非阻塞的 Web 技术栈。

- 如果你有一个调用远程服务的 Spring MVC 应用程序，则可尝试使用反应式 WebClient。你可以直接从 Spring MVC 控制器方法返回反应式类型（Reactor、RxJava 或其他）。每次调用的延迟或调用之间的相互依赖性越大，其益处就越大。 Spring MVC 控制器也可以调用其他反应式组件。

7.9　总结

本章主要讲解了 Spring 5.0 引入的新的异步非阻塞的 WebFlux 技术栈，其与 Servlet 技术栈是并行存在的。WebFlux 从规范上支持异步处理，基于 Reactor 库天然支持反应式编程，并且其使用少量固定线程来实现系统可伸缩性，相信在不久的将来会得到大范围使用。

第 8 章　*Chapter 8*

高性能异步编程框架和中间件

本章主要介绍一些高性能异步编程框架和中间件，这包含异步、基于事件驱动的网络编程框架——Netty；高性能 RPC 框架——Apache Dubbo；高性能线程间消息传递库——Disruptor；异步、分布式、基于消息驱动的框架——Akka；高性能分布式消息框架——Apache RocketMQ。

8.1　异步、基于事件驱动的网络编程框架——Netty

8.1.1　Netty 概述

Netty 是一个异步、基于事件驱动的网络应用程序框架，其对 Java NIO 进行了封装，大大简化了 TCP 或者 UDP 服务器的网络编程开发。

Netty 框架将网络编程逻辑与业务逻辑处理分离开来，其内部会自动处理好网络与异步处理逻辑，让我们专心写自己的业务处理逻辑。同时，Netty 的异步非阻塞能力与 CompletableFuture 结合可以让我们轻松实现网络请求的异步调用。

Netty 的应用还是比较广泛的，Apache Dubbo 、Apache RocketMq、Zuul 2.0 服务

网关、Spring WebFlux、Sofa-Bolt 底层网络通信等都是基于 Netty 来实现的。

虽然本书并非专门讲解 Netty 的图书，但是对 Netty 中的一些概念还是有必要提一下的，下面就来做这件事情。

- Channel：是通道的意思。这是在 JDK NIO 类库里面提供的一个概念，JDK 里面的通道是 java.nio.channels.Channel，JDK 中的实现类有客户端套接字通道 java.nio.channels.SocketChannel 和服务端监听套接字通道 java.nio.channels. ServerSocketChannel。Channel 的出现是为了支持异步 IO 操作。io.netty.channel. Channel 是 Netty 框架自己定义的一个通道接口。Netty 实现的客户端 NIO 套接字通道是 io.netty.channel.socket.nio.NioSocketChannel，提供的服务器端 NIO 套接字通道是 io.netty.channel.socket.nio.NioServerSocketChannel。

- NioSocketChannel：Netty 中客户端套接字通道。内部管理了一个 Java NIO 中的 java.nio.channels.SocketChannel 实例，其被用来创建 java.nio.channels. SocketChannel 的实例和设置该实例的属性，并调用其 connect 方法向服务端发起 TCP 链接。

- NioServerSocketChannel：服务器端监听套接字通道。内部管理了一个 Java NIO 中的 java.nio.channels.ServerSocketChannel 实例，用来创建 ServerSocketChannel 实例和设置该实例属性，并调用该实例的 bind 方法在指定端口监听客户端的链接。

- EventLoopGroup：Netty 之所以能提供高性能网络通信，其中一个原因是它使用 Reactor 线程模型。在 Netty 中，每个 EventLoopGroup 本身都是一个线程池，其中包含了自定义个数的 NioEventLoop，每个 NioEventLoop 是一个线程，并且每个 NioEventLoop 里面持有自己的 NIO Selector 选择器。在 Netty 中，客户端持有一个 EventLoopGroup 用来处理网络 IO 操作；在服务器端持有两个 EventLoopGroup，其中 boss 组是专门用来接收客户端发来的 TCP 链接请求的，worker 组是专门用来处理完成三次握手的链接套接字的网络 IO 请求的。

- Channel 与 EventLoop 的关系：在 Netty 中，NioEventLoop 是 EventLoop 的一个实现，每个 NioEventLoop 中会管理自己的一个 selector 选择器和监控选择器就绪

事件的线程；每个 Channel 在整个生命周期中固定关联到某一个 NioEventLoop；但是，每个 NioEventLoop 中可以关联多个 Channel。

- ChannelPipeline：Netty 中的 ChannelPipeline 类似于 Tomcat 容器中的 Filter 链，属于设计模式中的责任链模式，其中链上的每个节点就是一个 ChannelHandler。在 Netty 中，每个 Channel 有属于自己的 ChannelPipeline，管线中的处理器会对从 Channel 中读取或者要写入 Channel 中的数据进行依次处理。图 8-1 是 Netty 源码里面的一个图。

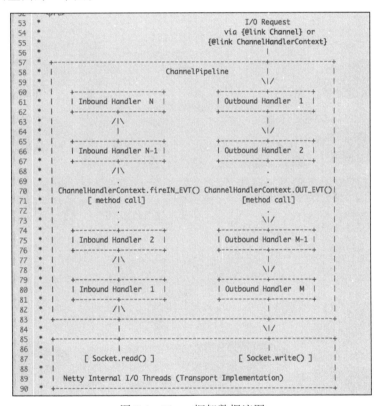

图 8-1　Netty 框架数据流图

如图 8-1 所示，当有数据从连接套接字被读取后，数据会被依次传递到 Channel Pipeline 中的每个 ChannelHandler 进行处理；当通过 Channel 或者 ChannelHandlerContext 向连接套接字写入数据时，数据会先依次被 ChannelPipeline 中的每个 Channel Handler 处理，处理完毕后才会最终通过原生连接套接字写入 TCP 发送缓存。

需要注意的是，虽然每个 Channel（更底层说是每个 Socket）有自己的 Channel Pipeline，但是每个 ChannelPipeline 里面可以复用同一个 ChannelHandler 的实例（当 ChannelHandler 使用 @shared 注解修饰时）。

8.1.2　Netty 的线程模型

本节我们来谈谈 Netty 的线程模型，因为其模型实现与 Netty 的异步处理能力紧密相关，其线程模型如图 8-2 所示。

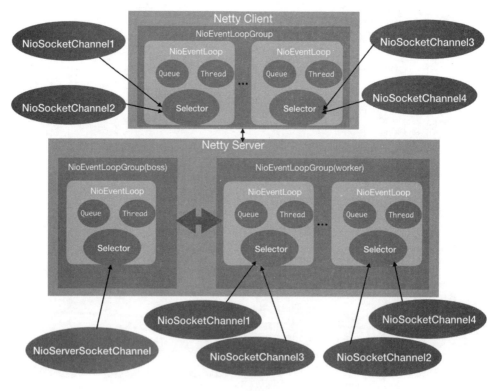

图 8-2　Netty 线程模型

图 8-2 下侧所示为 Netty Server 端，当 NettyServer 启动时会创建两个 NioEventLoop Group 线程池组，其中 boss 组用来接收客户端发来的连接，worker 组则负责对完成 TCP 三次握手的连接进行处理；图中每个 NioEventLoopGroup 里面包含了多个 Nio

EventLoop，每个 NioEventLoop 中包含了一个 NIO Selector、一个队列、一个线程；其中线程用来做轮询注册到 Selector 上的 Channel 的读写事件和对投递到队列里面的事件进行处理。

当 NettyServer 启动时会注册监听套接字通道 NioServerSocketChannel 到 boss 线程池组中的某一个 NioEventLoop 管理的 Selector 上，与其对应的线程会负责轮询该监听套接字上的连接请求；当客户端发来一个连接请求时，boss 线程池组中注册了监听套接字的 NioEventLoop 中的 Selector 会读取 TCP 三次握手的请求，然后创建对应的连接套接字通道 NioSocketChannel，接着把其注册到 worker 线程池组的某一个 NioEventLoop 中管理的一个 NIO Selector 上，该连接套接字通道 NioSocketChannel 上的所有读写事件都由该 NioEventLoop 管理。当客户端发来多个连接时，NettyServer 端会创建多个 NioSocketChannel，而 worker 线程池组中的 NioEventLoop 是有个数限制的，所以 Netty 有一定的策略把很多 NioSocketChannel 注册到不同的 NioEventLoop 上，也就是每个 NioEventLoop 中会管理好多客户端发来的连接，并通过循环轮询处理每个连接的读写事件。

图 8-2 上侧部分所示为 Netty Client 部分，当 NettyClient 启动时会创建一个 NioEventLoopGroup，用来发起请求并对建立 TCP 三次连接的套接字的读写事件进行处理。当调用 Bootstrap 的 connect 方法发起连接请求后内部会创建一个 NioSocketChannel 用来代表该请求，并且会把该 NioSocketChannel 注册到 NioSocketChannel 管理的某个 NioEventLoop 的 Selector 上，该 NioEventLoop 的读写事件都由该 NioEventLoop 负责处理。

Netty 之所以说是异步非阻塞网络框架，是因为通过 NioSocketChannel 的 write 系列方法向连接里面写入数据时是非阻塞的，是可以马上返回的（即使调用写入的线程是我们的业务线程）。这是 Netty 通过在 ChannelPipeline 中判断调用 NioSocketChannel 的 write 的调用线程是不是其对应的 NioEventLoop 中的线程来实现的：

```
private void write(Object msg, boolean flush, ChannelPromise promise) {
    ...
    //1.如果调用线程是IO线程
    EventExecutor executor = next.executor();
```

```
    if (executor.inEventLoop()) {
        if (flush) {
            next.invokeWriteAndFlush(m, promise);
        } else {
            next.invokeWrite(m, promise);
        }
    } else {//2.如果调用线程不是IO线程
        AbstractWriteTask task;
        if (flush) {
            task = WriteAndFlushTask.newInstance(next, m, promise);
        } else {
            task = WriteTask.newInstance(next, m, promise);
        }
        safeExecute(executor, task, promise, m);
    }
}
```

如上代码 1 所示，如果调用线程是 IO 线程，则会在 IO 线程上执行写入；如代码 2 所示，如果发现调用线程不是 IO 线程，则会把写入请求封装为 WriteTask 并投递到与其对应的 NioEventLoop 中的队列里面，然后等其对应的 NioEventLoop 中的线程轮询连接套接字的读写事件时捎带从队列里面取出来并执行。

也就是说，与每个 NioSocketChannel 对应的读写事件都是在与其对应的 NioEventLoop 管理的单线程内执行的，不存在并发，所以无须加锁处理。

另外当从 NioSocketChannel 中读取数据时，并不是使用业务线程来阻塞等待，而是等 NioEventLoop 中的 IO 轮询线程发现 Selector 上有数据就绪时，通过事件通知方式来通知我们业务数据已经就绪，可以来读取并处理了。

使用 Netty 框架进行网络通信时，当我们发起请求后请求会马上返回，而不会阻塞我们的业务调用线程；如果我们想要获取请求的响应结果，也不需要业务调用线程使用阻塞的方式来等待，而是当响应结果出来时使用 IO 线程异步通知业务，由此可知，在整个请求 – 响应过程中，业务线程不会由于阻塞等待而不能干其他事情。

下面我们讨论几个细节：第一，完成 TCP 三次握手的套接字应该注册到 worker 线程池中的哪一个 NioEventLoop 的 Selector 上；第二，如果 NioEventLoop 中的线程负责监听注册到 Selector 上的所有连接的读写事件和处理队列里面的消息，那么会不会导致由于处理队列里面任务耗时太长导致来不及处理连接的读写事件；第三，多个套接字注册到同一个 NioEventLoop 的 Selector 上，使用单线程轮询处理每个套接字上的事件，如果某一个套接字网络请求比较频繁，轮询线程是不是会一直处理该套接字的请求，而使其他套接字请求得不到及时处理。

对于第一个问题，关于 NioEventLoop 的分配，Netty 默认使用的是 PowerOfTwoEventExecutorChooser，其代码如下：

```
    private final class PowerOfTwoEventExecutorChooser implements
EventExecutorChooser {
        @Override
        public EventExecutor next() {
            return children[childIndex.getAndIncrement() & children.length - 1];
        }
    }
```

可知是采用轮询取模的方式来进行分配。

对于第二个问题，Netty 默认是采用时间均分策略来避免某一方处于饥饿状态，可以参见 NioEventLoop 的 run 方法内的代码片段：

```
//1.记录开始处理时间
final long ioStartTime = System.nanoTime();
try {//1.1处理连接套接字的读写事件
    processSelectedKeys();
} finally {
    // 1.2计算连接套接字处理耗时, ioRatio默认为50
    final long ioTime = System.nanoTime() - ioStartTime;
    //1.3运行队列里面任务
    runAllTasks(ioTime * (100 - ioRatio) / ioRatio);
}
```

代码 1.1 处理所有注册到当前 NioEventLoop 的 Selector 上的所有连接套接字的读写事件，代码 1.2 用来统计其耗时，由于默认情况下 ioRatio 为 50，所以代码 1.3 尝试使用与代码 1.2 执行相同的时间来运行队列里面的任务，也就是处理套接字读写事件与运行队列里面任务是使用时间片轮转方式轮询执行。

针对第三个问题，我们可以看 NioEventLoop 的 processSelectedKeysOptimized 方

法，该方法内会轮询注册到自己的 Selector 上的所有连接套接字的读写事件：

```java
private void processSelectedKeysOptimized() {
    //3轮询处理所有套接字的读写事件
    for (int i = 0; i < selectedKeys.size; ++i) {
        final SelectionKey k = selectedKeys.keys[i];
        selectedKeys.keys[i] = null;

        final Object a = k.attachment();
        //如果是AbstractNioChannel子类实例
        if (a instanceof AbstractNioChannel) {
            processSelectedKey(k, (AbstractNioChannel) a);
        } else {
            @SuppressWarnings("unchecked")
            NioTask<SelectableChannel> task = (NioTask<SelectableChannel>) a;
            processSelectedKey(k, task);
        }

        if (needsToSelectAgain) {
            selectedKeys.reset(i + 1);

            selectAgain();
            i = -1;
        }
    }
}
```

在上述代码中，processSelectedKeysOptimized 内会轮询处理所有套接字的读写事件，具体是调用 processSelectedKey 处理每个 NioSocketChannel 的读写事件，其代码如下：

```java
private void processSelectedKey(SelectionKey k, AbstractNioChannel ch) {
    final AbstractNioChannel.NioUnsafe unsafe = ch.unsafe();
        ...
        //AbstractNioByteChannel的read方法
        if ((readyOps & (SelectionKey.OP_READ | SelectionKey.OP_ACCEPT))
!= 0 || readyOps == 0) {
            unsafe.read();
        }
    } catch (CancelledKeyException ignored) {
        unsafe.close(unsafe.voidPromise());
    }
}
```

如上代码如果是读事件或者套接字接收事件则会调用 AbstractNioByteChannel 的
read 方法读取数据，这里我们只关心读事件，其代码如下：

```
public final void read() {
    ...
    try {
        //4循环读取套接字中的数据
        do {
            byteBuf = allocHandle.allocate(allocator);
            allocHandle.lastBytesRead(doReadBytes(byteBuf));
            if (allocHandle.lastBytesRead() <= 0) {
                byteBuf.release();
                byteBuf = null;
                close = allocHandle.lastBytesRead() < 0;
                if (close) {
                    readPending = false;
                }
                break;
            }
            //4.1增加读取的包数量
            allocHandle.incMessagesRead(1);
            readPending = false;
            pipeline.fireChannelRead(byteBuf);
            byteBuf = null;
        //4.2判断是否继续读取
        } while (allocHandle.continueReading());

        allocHandle.readComplete();
        pipeline.fireChannelReadComplete();

        if (close) {
            closeOnRead(pipeline);
        }
    } catch (Throwable t) {
        handleReadException(pipeline, byteBuf, t, close, allocHandle);
    } finally {
        ...
    }
}
```

代码 4 循环读取当前连接套接字中的数据，代码 4.1 表示每当从套接字读取一批数
据就让读取的消息数量加一，代码如下：

```
public final void incMessagesRead(int amt) {
 totalMessages += amt;
}
```

代码 4.2 则判断是继续读取数据，还是退出读取循环，allocHandle 的 continueReading
代码如下：

```
public boolean continueReading() {
    return continueReading(defaultMaybeMoreSupplier);
}

public boolean continueReading(UncheckedBooleanSupplier
maybeMoreDataSupplier) {
    return config.isAutoRead() &&
            (!respectMaybeMoreData || maybeMoreDataSupplier.get()) &&
            totalMessages < maxMessagePerRead &&//最大读取消息个数?
            totalBytesRead > 0;
}
```

默认情况下 maxMessagePerRead 为 16，所以对应 NioEventLoop 管理的每个
NioSocketChannel 中的数据，在一次事件循环内最多连续读取 16 次数据，并不会一直
读取，这就有效避免了其他 NioSocketChannel 的请求事件得不到及时处理的情况。

8.1.3　TCP 半包与粘包问题

大家都知道在客户端与服务端进行网络通信时，客户端会通过 socket 把需要发送
的内容序列化为二进制流后发送出去，当二进制流通过网络流向服务器端后，服务端会
接收该请求并解析该请求包，然后反序列化后对请求进行处理。这看似是一个很简单的
过程，但是细细想来却发现没有那么简单。使用 TCP 进行通信时客户端与服务端之间
持有一个长连接，客户端多次发送请求都是复用该连接的，图 8-3 展示了客户端与服务
端的交互流程。

如图 8-3 所示，在客户端发送数据时，实际是把数据写入 TCP 发送缓存里面的，
如果发送的包的大小比 TCP 发送缓存的容量大，那么这个数据包就会被分成多个包，
通过 socket 多次发送到服务端。而服务端获取数据是从接收缓存里面获取的，假设服务
端第一次从接收缓存里面获取的数据是整个包的一部分，这时候就产生了半包现象，半

包不是说只收到了全包的一半，而是说只收到了全包的一部分。

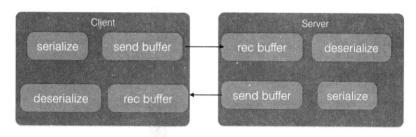

图 8-3　客户端与服务器交互图

服务器读取到半包数据后，会对读取的二进制流进行解析，一般会把二进制流反序列化为对象，这里由于服务器只读取了客户端序列化对象后的一部分，所以反序列会报错。

同理，如果发送的数据包大小比 TCP 发送缓存容量小，并且假设 TCP 缓存可以存放多个包，那么客户端和服务端的一次通信就可能传递了多个包，这时候服务端从接收缓存就可能一下读取了多个包，出现粘包现象，由于服务端从接收缓存获取的二进制流是多个对象转换来的，所以在后续的反序列化时肯定也会出错。

其实出现粘包和半包的原因是 TCP 层不知道上层业务的包的概念，它只是简单地传递流，所以需要上层应用层协议来识别读取的数据是不是一个完整的包。

一般有三种常用的解决半包与粘包问题的方案：

- 比较常见的方案是应用层设计协议时，把协议包分为 header 和 body（比如图 8-4 为 Dubbo 协议帧格式），header 里面记录 body 长度，当服务端从接收缓冲区读取数据后，如果发现数据大小小于包的长度则说明出现了半包，这时候就回退读取缓存的指针，等待下次读事件到来时再次测试。如果发现数据大小大于包长度则看大小是否

图 8-4　Dubbo 协议帧

是包长度的整数倍，如果是则循环读取多个包，否则就是出现了多个整包＋半包（粘包）。

- 第二种方案是在多个包之间添加分隔符，使用分隔符来判断一个包的结束。

如图 8-5 所示，每个包中间使用"|"作为分隔符，此时每个包的大小可以不固定，当服务器端读取时，若遇到分隔符就知道当前包结束了，但是包的消息体内不能含有分隔符，Netty 中提供了 DelimiterBasedFrameDecoder 用来实现该功能。

图 8-5　帧分隔符

- 还有一种方案是包定长，就是每个包大小固定长度，如图 8-6 所示。

图 8-6　包大小固定长度

使用这种方案时每个包的大小必须一致，Netty 中提供了 FixedLengthFrameDecoder 来实现该功能。

8.1.4　基于 Netty 与 CompletableFuture 实现 RPC 异步调用

本节我们来基于 CompletableFuture 与 Netty 来模拟下如何异步发起远程调用，为简化设计，这里我们将应用层协议帧格式定义为文本格式，如图 8-7 所示。

图 8-7　协议帧格式

如图 8-7 所示，帧格式的第一部分为消息体，也就是业务需要传递的内容；第二部分为":"号；第三部分为请求 id，这里使用":"把消息体与请求 id 分开，以便服

务端提取这两部分内容，需要注意消息体内不能含有 "：" 号；第四部分 "|" 标识一个协议帧的结束，因为本文使用 Netty 的 DelimiterBasedFrameDecoder 来解决半包粘包问题，所以需要注意消息体内不能含有 "|" 号。

首先我们基于 Netty 开发一个简单的 demo 来模拟 RpcServer，也就是服务提供方程序，RpcServer 的代码如下：

```
public final class RpcServer {
    public static void main(String[] args) throws Exception {
        // 0.配置创建两级线程池
        EventLoopGroup bossGroup = new NioEventLoopGroup(1);// boss
        EventLoopGroup workerGroup = new NioEventLoopGroup();// worker
        // 1.创建业务处理hander
        NettyServerHandler servrHandler = new NettyServerHandler();
        try {
            ServerBootstrap b = new ServerBootstrap();
            b.group(bossGroup, workerGroup).channel(NioServerSocketChannel.
class).option(ChannelOption.SO_BACKLOG, 100)
                    .handler(new LoggingHandler(LogLevel.INFO)).
childHandler(new ChannelInitializer<SocketChannel>() {
                        @Override
                        public void initChannel(SocketChannel ch) throws
Exception {
                            ChannelPipeline p = ch.pipeline();
                            // 1.1设置帧分隔符解码器
                            ByteBuf delimiter = Unpooled.copiedBuffer("|".
getBytes());
                            p.addLast(new DelimiterBasedFrameDecoder(1000,
delimiter));
                            // 1.2设置消息内容自动转换为String的解码器到管线
                            p.addLast(new StringDecoder());
                            // 1.3设置字符串消息自动进行编码的编码器到管线
                            p.addLast(new StringEncoder());
                            // 1.4添加业务hander到管线
                            p.addLast(servrHandler);
                        }
                    });

            // 2.启动服务，并且在12800端口监听
            ChannelFuture f = b.bind(12800).sync();

            // 3. 等待服务监听套接字关闭
```

```
                f.channel().closeFuture().sync();
            } finally {
                // 4.优雅关闭两级线程池，以便释放线程
                bossGroup.shutdownGracefully();
                workerGroup.shutdownGracefully();
            }
        }
    }
```

如上代码是一个典型的 NettyServer 启动程序，首先代码 0 创建了 NettyServer 的 boss 与 worker 线程池，然后代码 1 创建了业务 NettyServerHandler，这个我们后面具体讲解。

代码 1.1 添加 DelimiterBasedFrameDecoder 解码器到链接 channel 的管道以便使用 "|" 分隔符来确定一个协议帧的边界（避免半包粘包问题）；代码 1.2 添加字符串解码器，它在服务端链接 channel 接收到客户端发来的消息后会自动把消息内容转换为字符串；代码 1.3 设置字符串编码器，它会在服务端链接 channel 向客户端写入数据时，对数据进行编码；代码 1.3 添加业务 handler 到管线。

代码 2 启动服务，并且在端口 12800 监听客户端发来的链接；代码 3 同步等待服务监听套接字关闭；代码 4 优雅关闭两级线程池，以便释放线程。

这里我们主要看下业务 handler 的实现，服务端在接收客户端消息，且消息内容经过代码 1.1、代码 1.2 的 hanlder 处理后，流转到 NettyServerHandler 的就是一个完整的协议帧的字符串了。NettyServerHandler 代码如下：

```
@Sharable
public class NettyServerHandler extends ChannelInboundHandlerAdapter {

    //5. 根据消息内容和请求id，拼接消息帧
    public String generatorFrame(String msg, String reqId) {
        return msg + ":" + reqId + "|";
    }

    @Override
    public void channelRead(ChannelHandlerContext ctx, Object msg) {

        //6.处理请求
```

```
        try {
                System.out.println(msg);
                // 6.1.获取消息体,并且解析出请求id
                String str = (String) msg;
                String reqId = str.split(":")[1];

                // 6.2.拼接结果,请求id,协议帧分隔符(模拟服务端执行服务产生结果)
                String resp =  generatorFrame("im jiaduo ", reqId);

                try {
                    Thread.sleep(2000);
                } catch (InterruptedException e) {
                    e.printStackTrace();
                }

                // 6.3.写回结果
                ctx.channel().writeAndFlush(Unpooled.copiedBuffer(resp.getBytes()));
        } catch (Exception e) {
                e.printStackTrace();
        }
    }

    ...

}
```

由上述代码可知，@Sharable 注解是让服务端所有接收的链接对应的 channel 复用同一个 NettyServerHandler 实例，这里可以使用 @Sharable 方式是因为 NettyServer Handler 内的处理是无状态的，不会存在线程安全问题。

当数据流程到 NettyServerHandler 时，会调用其 channelRead 方法进行处理，这里 msg 已经是一个完整的本文的协议帧了。

异步任务内代码 6.1 首先获取消息体的内容，然后根据协议格式，从中截取出请求 id，然后调用代码 6.2 拼接返回给客户端的协议帧，注意这里需要把请求 id 带回去；然后休眠 2s 模拟服务端任务处理，最后代码 6.3 把拼接好的协议帧写回客户端。

下面我们基于 Netty 开发一个简单的 demo 来模拟 RpcClient，也就是服务消费方程序，RpcClient 的代码如下：

```java
public class RpcClient {
    // 连接通道
    private volatile Channel channel;
    // 请求id生成器
    private static final AtomicLong INVOKE_ID = new AtomicLong(0);
    // 启动器
    private Bootstrap b;

    public RpcClient() {
        // 1. 配置客户端.
        EventLoopGroup group = new NioEventLoopGroup();
        NettyClientHandler clientHandler = new NettyClientHandler();
        try {
            b = new Bootstrap();
            b.group(group).channel(NioSocketChannel.class).
option(ChannelOption.TCP_NODELAY, true)
                    .handler(new ChannelInitializer<SocketChannel>() {
                        @Override
                        public void initChannel(SocketChannel ch) throws
Exception {
                            ChannelPipeline p = ch.pipeline();
                            // 1.1设置帧分隔符解码器
                            ByteBuf delimiter = Unpooled.copiedBuffer("|".
getBytes());
                            p.addLast(new DelimiterBasedFrameDecoder(1000,
delimiter));
                            // 1.2设置消息内容自动转换为String的解码器到管线
                            p.addLast(new StringDecoder());
                            // 1.3设置字符串消息自动进行编码的编码器到管线
                            p.addLast(new StringEncoder());
                            // 1.4添加业务Handler到管线
                            p.addLast(clientHandler);

                        }
                    });
            // 2.发起链接请求，并同步等待链接完成
            ChannelFuture f = b.connect("127.0.0.1", 12800).sync();
            if (f.isDone() && f.isSuccess()) {
                this.channel = f.channel();
            }

        } catch (Exception e) {
            e.printStackTrace();
        }
```

```
    }

    private void sendMsg(String msg) {
        channel.writeAndFlush(msg);
    }

    public void close() {

        if (null != b) {
            b.group().shutdownGracefully();
        }
        if (null != channel) {
            channel.close();
        }
    }

    // 根据消息内容和请求id，拼接消息帧
    private String generatorFrame(String msg, String reqId) {
        return msg + ":" + reqId + "|";
    }

    public CompletableFuture rpcAsyncCall(String msg) {
        // 1. 创建future
        CompletableFuture<String> future = new CompletableFuture<>();

        // 2.创建消息id
        String reqId = INVOKE_ID.getAndIncrement() + "";

        // 3.根据消息，请求id创建协议帧
        msg = generatorFrame(msg, reqId);

        // 4.nio异步发起网络请求，马上返回
        this.sendMsg(msg);

        // 5.保存future对象
        FutureMapUtil.put(reqId, future);

        return future;
    }

    public String rpcSyncCall(String msg) throws InterruptedException,
ExecutionException {
        // 1. 创建future
        CompletableFuture<String> future = new CompletableFuture<>();
```

```
        // 2.创建消息id
        String reqId = INVOKE_ID.getAndIncrement()  + "";

        // 3.消息体后追加消息id和帧分隔符
        msg = generatorFrame(msg, reqId);

        // 4.nio异步发起网络请求，马上返回
        this.sendMsg(msg);

        // 5.保存future
        FutureMapUtil.put(reqId, future);

        // 6.同步等待结果
        String result = future.get();
        return result;
    }
}
```

如上代码 RpcClient 的构造函数创建了一个 NettyClient，其使用方法与 NettyServer 类似，这里不再赘述。需要注意的是，这里注册了业务的 NettyClientHandler 处理器到链接 channel 的管线里面，并且在与服务端完成 TCP 三次握手后把对应的 channel 对象保存了下来。

下面先来看 rpcSyncCall 方法，该方法意在模拟同步远程调用，其中代码 1 创建了一个 CompletableFuture 对象；代码 2 使用原子变量生成一个请求 id, 代码 3 则把业务传递的 msg 消息体和请求 id 组成协议帧；代码 4 则调用 sendMsg 方法通过保存的 channel 对象把协议帧异步发送出去，该方法是非阻塞的，会马上返回，所以不会阻塞业务线程；代码 5 把代码 1 创建的 future 对象保存到 FutureMapUtil 中管理并发缓存，其中 key 为请求 id，value 为创建的 future。FutureMapUtil 代码如下，可知就是管理并发缓存的一个工具类：

```
public class FutureMapUtil {
    // <请求id, 对应的future>
    private static final ConcurrentHashMap<String, CompletableFuture>
futureMap = new ConcurrentHashMap<String, CompletableFuture>();

    public static void put(String id, CompletableFuture future) {
        futureMap.put(id, future);
    }
```

```
    public static CompletableFuture remove(String id) {
        return futureMap.remove(id);
    }
}
```

然后代码 6 调用 future 的 get() 方法，同步等待 future 的 complete() 方法设置结果完成，调用 get() 方法会阻塞业务线程，直到 future 的结果被设置了。

现在我们再来看 rpcAsyncCall 异步调用，其代码实现与同步的 rpcSyncCall 类似，只不过其没有同步等待 future 有结果值，而是直接将 future 返回给调用方，然后就直接返回了，该方法不会阻塞业务线程。

到这里我们讲解了业务调用时发起远程调用，接下来我们看服务端写回结果到客户端后。关于客户端是如何把接入写回对应的 future 的，这里我们需要看注册的 NettyClientHandler，其代码如下：

```
@Sharable
public class NettyClientHandler extends ChannelInboundHandlerAdapter {
    ...
    @Override
    public void channelRead(ChannelHandlerContext ctx, Object msg) {
        // 1.根据请求id,获取对应future
        CompletableFuture future = FutureMapUtil.remove(((String) msg).
split(":")[1]);
        // 2.如果存在,则设置future结果
        if (null != future) {
            future.complete(((String) msg).split(":")[0]);
        }
    }
    ...
}
```

如上代码所示，当 NettyClientHandler 的 channelRead 方法被调用时，其中 msg 已经是一个完整的本文的协议帧了（因为 DelimiterBasedFrameDecoder 与 StringDecoder 已经做过解析）。

异步任务内代码 1 首先根据协议帧格式，从消息 msg 内获取到请求 id，然后从 FutureMapUtil 管理的缓存内获取请求 id 对应的 future 对象，并移除；如果存在，代码

2 则从协议帧内获取服务端写回的数据，并调用 future 的 complete 方法把结果设置到 future，这时候由于调用 future 的 get() 方法而被阻塞的线程就返回结果了。

上面我们讲解了 RpcClient 与 RpcServer 的实现，下面我们从两个例子看如何使用，首先看 TestModelAsyncRpc 的代码：

```
public class TestModelAsyncRpc {

    private static final RpcClient rpcClient = new RpcClient();

    public static void main(String[] args) throws InterruptedException,
ExecutionException {

        // 1.同步调用
        System.out.println(rpcClient.rpcSyncCall("who are you"));

        // 2.发起远程调用异步，并注册回调，马上返回
        CompletableFuture<String> future = rpcClient.rpcAsyncCall("who are you");
        future.whenComplete((v, t) -> {
            if (t != null) {
                t.printStackTrace();
            } else {
                System.out.println(v);
            }

        });

        System.out.println("---async rpc call over");
    }
}
```

如上 main 函数内首先创建了一个 rpcClient 对象，然后代码 1 同步调用了其 rpcSyncCall 方法，由于是同步调用，所以在服务端执行返回结果前，当前调用线程会被阻塞，直到服务端把结果写回客户端，并且客户端把结果写回到对应的 future 对象后才会返回。

代码 2 调用了异步方法 rpcAsyncCall，其不会阻塞业务调用线程，而是马上返回一个 CompletableFuture 对象，然后我们在其上设置了一个回调函数，意在等 future 对象的结果被设置后进行回调，这个实现了真正意义上的异步。

我们再看一个使用实例，演示如何基于 CompletableFuture 的能力，并发发起多次调用，然后对返回的多个 CompletableFuture 进行运算，首先看 TestModelAsyncRpc2 类：

```
public class TestModelAsyncRpc2 {

    private static final RpcClient rpcClient = new RpcClient();

    public static void main(String[] args) throws InterruptedException,
ExecutionException {

        // 1.发起远程调用异步，马上返回
        CompletableFuture<String> future1 = rpcClient.rpcAsyncCall("who are you");
        // 2.发起远程调用异步，马上返回
        CompletableFuture<String> future2 = rpcClient.rpcAsyncCall("who are you");

        // 3.等两个请求都返回结果时候，使用结果做些事情
        CompletableFuture<String> future = future1.thenCombine(future2, (u, v) -> {

            return u + v;
        });

        // 4.等待最终结果
        future.whenComplete((v, t) -> {
            if (t != null) {
                t.printStackTrace();
            } else {
                System.out.println(v);
            }

        });
        System.out.println("---async rpc call over---");
        // rpcClient.close();

    }

}
```

代码 1 首先发起一次远程调用，该调用马上返回 future1；然后代码 2 又发起一次远程调用，该调用也马上返回 future2 对象；代码 3 则基于 CompletableFuture 的能力，意在让 future1 和 future2 都有结果后再基于两者的结果做一件事情（这里是拼接两者结果返回），并返回一个获取回调结果的新的 future。

代码 4 基于新的 future，等其结果产生后，执行新的回调函数，进行结果打印或者异常打印。

最后我们看如何把异步调用改造为 Reactive 编程风格，这里基于 RxJava 让异步调用返回结果为 Flowable，其实我们只需要把返回的 CompletableFuture 转换为 Flowable 即可，可以在 RpcClient 里面新增一个方法：

```
// 异步转反应式
public Flowable<String> rpcAsyncCallFlowable(String msg) {
    // 1.1 使用defer操作，当订阅时候在执行rpc调用
    return Flowable.defer(() -> {
        // 1.2创建含有一个元素的流
        final ReplayProcessor<String> flowable = ReplayProcessor.createWithSize(1);
        // 1.3具体执行RPC调用
        CompletableFuture<String> future = rpcAsyncCall(msg);
        // 1.4等rpc结果返回后设置结果到流对象
        future.whenComplete((v, t) -> {
            if (t != null) {// 1.4.1结果异常则发射错误信息
                flowable.onError(t);
            } else {// 1.4.2结果OK，则发射出rpc返回结果
                flowable.onNext(v);
                // 1.4.3结束流
                flowable.onComplete();
            }
        });
        return flowable;
    });
}
```

如上代码由于 CompletableFuture 是可以设置回调函数的，所以把其转换为 Reactive 风格编程很容易。

然后我们可以使用下面代码进行测试：

```
public class TestModelAsyncRpcReactive {
    // 1.创建rpc客户端
    private static final RpcClient rpcClient = new RpcClient();

    public static void main(String[] args) throws InterruptedException,
ExecutionException {
```

```
    // 2.发起远程调用异步，并注册回调，马上返回
    Flowable<String> result = rpcClient.rpcAsyncCallFlowable("who are you");
    //3.订阅流对象
    result.subscribe(/* onNext */r -> {
        System.out.println(Thread.currentThread().getName() + ":" + r);
    }, /* onError */error -> {
        System.out.println(Thread.currentThread().getName() + "error:" +
error.getLocalizedMessage());
    });

    System.out.println("---async rpc call over");
    }
}
```

如上代码，发起 rpc 调用后马上返回了一个 Flowable 流对象，但这时真正的 rpc 调用还没有发出去，等代码 3 订阅了流对象时才真正发起 rpc 调用。

8.2　高性能 RPC 框架——Apache Dubbo

8.2.1　Apache Dubbo 概述

Apache Dubbo 是阿里巴巴开源的一个高性能 RPC 框架，致力于提供高性能和透明化的 RPC 远程调用服务解决方案。作为阿里巴巴 SOA 服务化治理方案的核心框架，它目前已进入 Apache 孵化器，前景可谓无限光明。

使用 Dubbo 构建的分布式系统架构中各个组件服务的作用以及相互关系如图 8-8 所示。

在图 8-8 中：

- Provider 为服务提供者集群，服务提供者负责暴露提供的服务，并将服务注册到服务注册中心；
- Consumer 为服务消费者集群，服务消费者通过 RPC 远程调用服务提供者提供的服务；
- Registry 负责服务注册与发现；

- Monitor 为统计服务的调用次数和调用时间的监控中心。

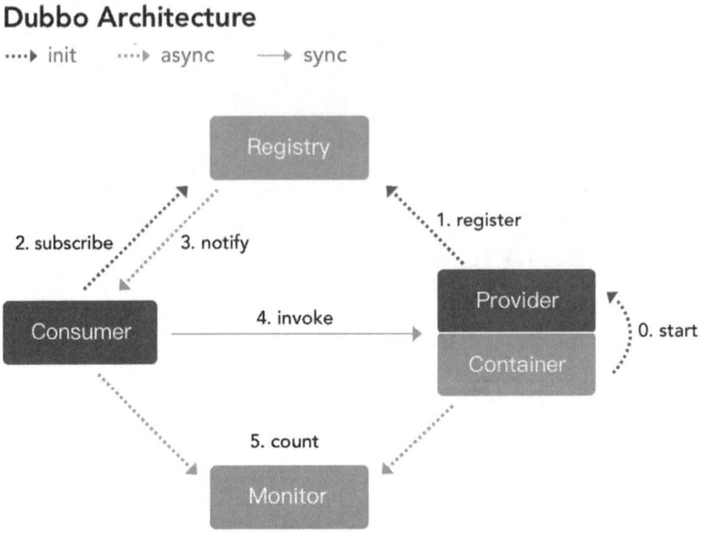

图 8-8 Dubbo 架构图

以上各个组件的调用关系如下：

- 服务提供者在启动时会将自己提供的服务注册到服务注册中心。
- 服务消费者在启动时会去服务注册中心订阅自己所需服务的地址列表，由服务注册中心向它异步返回其所需服务接口的提供者的地址列表，再由服务消费者根据路由规则和设置的负载均衡算法选择一个服务提供者 IP 进行调用。
- 监控平台主要用来统计服务的调用次数和调用耗时，服务消费者和提供者，在内存中累计调用次数和调用耗时，并定时每分钟发送一次统计数据到监控中心，监控中心则使用数据绘制图表来显示。监控平台不是分布式系统必须有的，但是这些数据有助于系统运维和调优。服务提供者和消费者可以直接配置监控平台的地址，也可以通过服务注册中心来获取。

8.2.2 Dubbo 的异步调用

Dubbo 框架中的异步调用是发生在服务消费端的，异步调用实现基于 NIO 的非阻塞能力实现并行调用，服务消费端不需要启动多线程即可完成并行调用多个远程服务，相比多线程其开销较小，图 8-9 所示为 Dubbo 异步调用链路的概要流程。

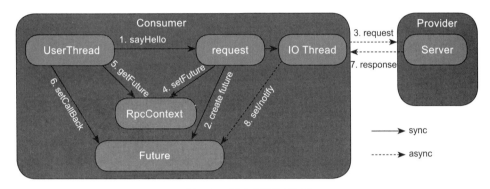

图 8-9　异步调用链路图

- 在图 8-9 中，当服务消费端发起 RPC 调用时使用的是用户线程（步骤 1），请求会被转换为 IO 线程（步骤 2），具体向远程服务提供方发起远程调用。
- 步骤 2 的 IO 线程使用 NIO 发起远程调用，用户线程通过步骤 3 创建了一个 Future 对象，然后通过步骤 4 将其设置到 RpcContext 中。
- 然后用户线程则可以在某个时间从 RpcContext 中获取设置的 Future 对象（步骤 5），并且通过步骤 6 设置回调函数，这样用户线程就返回了。
- 当服务提供方返回结果（步骤 7）后，调用方线程模型中的线程池线程会把结果通过步骤 8 写入 Future，然后就会回调注册的回调函数。

如上介绍，调用线程异步调用发起后会马上返回一个 Future，并在 Future 上设置一个回调函数，然后调用线程就可以忙自己的事情去了，不需要同步等待服务提供方返回结果。当服务提供方返回结果时，调用方的 IO 线程会把响应结果传递给 Dubbo 框架内部线程池中的线程，后者则会回调注册的回调函数，由此可见，在整个过程中，发起异步调用的用户线程是不会被阻塞的。

首先考虑在一个线程（记为线程 A）中通过 RPC 请求获取服务 B 和服务 C 的数据，然后基于两者的结果做一些事情。在同步 RPC 调用情况下，线程 A 在调用服务 B 后需要等待服务 B 返回结果，才可以对服务 C 发起调用，等服务 C 返回结果后才可以结合服务 B 和服务 C 的结果做一件事，如图 8-10 所示。

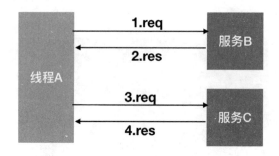

图 8-10　同步调用图

　　线程 A 同步获取服务 B 的结果后，再同步调用服务 C 获取结果，可见在同步调用的情况下，线程 A 必须按顺序对多个服务请求进行调用，因而调用线程必须等待，这显然会浪费资源。在 Dubbo 中，使用异步调用可以避免这个问题，代码示例如下：

```
public class APiAsyncConsumerForCompletableFuture2 {
    public static void main(String[] args) throws InterruptedException,
ExecutionException {
        // 1.创建服务引用对象实例
        ReferenceConfig<GreetingService> referenceConfig = new ReferenceConfig
<GreetingService>();
        // 2.设置应用程序信息
        referenceConfig.setApplication(new ApplicationConfig("first-dubbo-
consumer"));
        // 3.设置服务注册中心
        referenceConfig.setRegistry(new RegistryConfig("zookeeper:
//127.0.0.1:2181"));

        // 4.设置服务接口和超时时间
        referenceConfig.setInterface(GreetingService.class);
        referenceConfig.setTimeout(5000);

        // 5.设置服务版本与分组
        referenceConfig.setVersion("1.0.0");
        referenceConfig.setGroup("dubbo");

        // 6.设置为异步
        referenceConfig.setAsync(true);
```

```
    // 7.引用服务
    GreetingService greetingService = referenceConfig.get();

    // 8.异步执行,并设置回调
    System.out.println(greetingService.sayHello("hello"));
    CompletableFuture<String> future1 = RpcContext.getContext().
getCompletableFuture();
    future1.whenComplete((v, t) -> {
        if (t != null) {
            t.printStackTrace();
        } else {
            System.out.println(Thread.currentThread().getName() + " " +
v);
        }

    });

    // 9.异步执行,并设置回调
    System.out.println(greetingService.sayHello("world"));
    CompletableFuture<String> future2 = RpcContext.getContext().
getCompletableFuture();
    future2.whenComplete((v, t) -> {
        if (t != null) {
            t.printStackTrace();
        } else {
            System.out.println(Thread.currentThread().getName() + " " + v);
        }

    });

    // 10.挂起线程
    Thread.currentThread().join();
    }
}
```

- 如上述代码所示，代码 6 将调用设置为异步，代码 8 则发起远程过程调用，该方法会马上返回 null 值；然后通过 RpcContext.getContext().getCompletableFuture() 来获取该调用实际结果所在的 future 对象，再在其上通过 whenComplete 方法设置了一个回调函数。

- 代码 9 同样也发起一个远程过程调用，然后获取该次请求对应的 future 对象，并在其上设置了回调函数。

- 需要注意的是，在异步调用时代码 8 和 9 都会马上返回，不会阻塞调用线程，所以这里的两次远程过程调用是并行的。

- 当远端返回执行结果后，消费端的 IO 线程会接收到执行结果，然后回调注册的回调函数；可知整个异步调用过程中调用线程不会被阻塞，在发起远程调用后，就可以做自己的事情去了。

8.2.3　Dubbo 的异步执行

Dubbo 框架的异步执行是发生在服务提供端的，在 Provider 端非异步执行时，其对调用方发来的请求的处理是在 Dubbo 内部线程模型的线程池中的线程来执行的，在 Dubbo 中服务提供方提供的所有服务接口都使用这一个线程池来执行，所以当一个服务执行比较耗时时，可能会占用线程池中的很多线程，这可能就会影响到其他服务的处理。

Provider 端异步执行则将服务的处理逻辑从 Dubbo 内部线程池切换到业务自定义线程，避免 Dubbo 线程池中线程被过度占用，有助于避免不同服务间的互相影响。

但是需要注意，Provider 端异步执行对节省资源和提升 RPC 响应性能是没有效果的，这是因为如果服务处理比较耗时时，虽然不是使用 Dubbo 框架的内部线程，但还是需要业务自己的线程来处理，另外副作用还有会新增一次线程上下文切换（从 Dubbo 内部线程池线程切换到业务线程）。

如图 8-11 所示，Provider 端在同步提供服务时是使用 Dubbo 内部线程池中的线程来处理的，在异步执行时则是使用业务自己设置的线程来从 Dubbo 内部线程池中的线程接收请求并进行处理。

在 Dubbo 中提供了两种异步处理方法，首先我们看如何使用 AsyncContext 实现异步执行，代码如下：

```
public class GrettingServiceAsyncContextImpl implements
GrettingServiceRpcContext {

    // 1.创建业务自定义线程池
    private final ThreadPoolExecutor bizThreadpool = new ThreadPoolExecutor(8,
16, 1, TimeUnit.MINUTES,
```

```
                      new SynchronousQueue(), new NamedThreadFactory("biz-thread-pool"),
                      new ThreadPoolExecutor.CallerRunsPolicy());

// 2.创建服务处理接口，返回值为CompletableFuture
@Override
public String sayHello(String name) {

      // 2.1 开启异步
      final AsyncContext asyncContext = RpcContext.startAsync();
      bizThreadpool.execute(() -> {
          // 2.2 如果要使用上下文，则必须放在第一句执行
          asyncContext.signalContextSwitch();
          try {
              Thread.sleep(500);
          } catch (InterruptedException e) {
              e.printStackTrace();
          }
          // 2.3 写回响应
          asyncContext.write("Hello " + name + " " + RpcContext.
getContext().getAttachment("company"));
      });

      return null;
  }
}
```

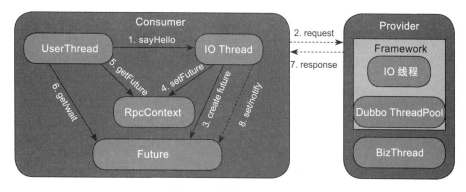

图 8-11　异步处理链路图

- 代码 1 创建了一个线程池用来执行异步处理。
- 代码 2.1 调用 RpcContext.startAsync() 开启服务异步执行，然后返回一个 async Context，把服务处理任务提交到业务线程池后 sayHello 方法就直接返回了 null，同时也释放了 Dubbo 内部线程池中的线程。

- 具体业务处理逻辑则在自定义业务线程池内执行，任务内首先执行代码 2.2 切换任务的上下文，这是因为 RpcContext.getContext() 是 ThreadLocal 变量，不能跨线程，这里切换上下文就是为了把保存的上下文内容设置到当前线程内，这样当前线程就可以获取了（关于 ThreadLocal 可以参考《Java 并发编程之美》一书）。然后，任务内休眠 500ms 充当任务执行，最后代码 2.3 把任务执行结果写入异步上下文，可知其实现是参考了 Servlet 3.0 的异步执行。

Dubbo 2.7.0 版本还提供了基于 CompletableFuture 签名的接口实现异步执行的功能，比如下面的代码：

```
public class GrettingServiceAsyncImpl implements GrettingServiceAsync {

    // 1.创建业务自定义线程池
    private final ThreadPoolExecutor bizThreadpool = new ThreadPoolExecutor(8,
16, 1, TimeUnit.MINUTES,
            new SynchronousQueue(), new NamedThreadFactory("biz-thread-pool"),
            new ThreadPoolExecutor.CallerRunsPolicy());

    // 2.创建服务处理接口，返回值为CompletableFuture类型
    @Override
    public CompletableFuture<String> sayHello(String name) {

        // 2.1 为supplyAsync提供自定义线程池bizThreadpool，避免使用JDK公用线程池
(ForkJoinPool.commonPool())
        // 使用CompletableFuture.supplyAsync让服务处理异步化
        // 保存当前线程的上下文
        RpcContext context = RpcContext.getContext();

        return CompletableFuture.supplyAsync(() -> {
            try {
                Thread.sleep(2000);
            } catch (InterruptedException e) {
                e.printStackTrace();
            }
            System.out.println("async return ");
            return "Hello " + name + " " + context.getAttachment("company");
        }, bizThreadpool);
    }
}
```

由上可知，基于定义 CompletableFuture 签名的接口实现异步执行需要接口方法
返回值为 CompletableFuture，并且方法内部使用 CompletableFuture.supplyAsync 让
本来应由 Dubbo 内部线程池中线程处理的服务，转为由业务自定义线程池中线程来处
理。CompletableFuture.supplyAsync 方法会马上返回一个 CompletableFuture 对象（所以
Dubbo 内部线程池线程会得到及时释放），传递的业务函数则由业务线程池 bizThreadpool
执行。

需要注意，调用 sayHello 方法的线程是 Dubbo 线程模型线程池中的线程，而业务
在 bizThreadpool 中的线程处理，所以代码 2.1 保存了 RpcContext 对象（ThreadLocal 变
量），以便在业务处理线程中使用。

8.3　高性能线程间消息传递库——Disruptor

8.3.1　Disruptor 概述

Disruptor 是一个高性能的线程间消息传递库，它源于 LMAX 对并发性、性能和非
阻塞算法的研究，如今构成了其 Exchange 基础架构的核心部分。

要理解 Disruptor 是什么，最好的方法是将它与目前你已经很好地理解且与之非常
相似的东西进行比较，例如与 Java 的 BlockingQueue 进行对比。与队列一样，Disruptor
的目的也是在同一进程内的线程之间传递数据（例如消息或事件）；而与传统 JDK 中的
队列不同的是，Disruptor 提供了以下关键功能：

- Disruptor 中的同一个消息会向所有消费者发送，即多播能力（Multicast Event）。
- 为事件预先分配内存（Event Preallocation），避免运行时因频繁地进行垃圾回收
  与内存分配而增加开销。
- 可选择无锁（Optionally Lock-free），使用两阶段协议，让多个线程可同时修改
  不同元素。
- 缓存行填充，避免伪共享（prevent false sharing）。

在理解 Disruptor 如何工作前，先了解一下 Disruptor 中的核心术语，即 Disruptor

中的 DDD（Domain-Driven Design）域对象：

- Ring Buffer：环形缓冲区，通常被认为是 Disruptor 的核心，但是从 3.0 版本开始，Ring Buffer 仅负责存储和更新 Disruptor 中的数据（事件）。

- Sequence：Disruptor 使用 Sequence 作为识别特定组件所在位置的方法。每个消费者（EventProcessor）都像 Disruptor 本身一样维护一个 Sequence。大多数并发代码依赖于这些 Sequence 值的移动，因此 Sequence 支持 AtomicLong 的许多当前功能。事实上，3.0 版本与 2.0 版本之间唯一真正的区别是防止了 Sequence 和其他变量之间出现伪共享。

- Sequencer：Sequencer 是 Disruptor 的真正核心。该接口的 2 个实现（单生产者和多生产者）实现了所有并发算法，用于在生产者和消费者之间快速、正确地传递数据。

- Sequence Barrier：序列屏障，由 Sequencer 产生，包含对 Sequencer 中主要发布者的序列 Sequence 和任何依赖的消费者的序列 Sequence 的引用。它包含了确定是否有可供消费者处理的事件的逻辑。

- Wait Strategy：等待策略，确定消费者如何等待生产者将事件放入 Disruptor。

- Event：从生产者传递给消费者的数据单位。事件没有特定的代码表示，因为它完全由用户定义。

- EventProcessor：用于处理来自 Disruptor 的事件的主事件循环，并拥有消费者序列的所有权。其有一个名为 BatchEventProcessor 的实现，它包含事件循环的有效实现，并将回调使用者提供的 EventHandler 接口实现（在线程池内运行 BatchEventProcessor 的 run 方法）。

- EventHandler：由用户实现并代表 Disruptor 的消费者的接口。

- Producer：调用 Disruptor 以将事件放入队列的用户代码。这个概念在代码中也没有具体表示。

介绍完 Disruptor 中的核心概念，我们将这些元素组合在一起，图 8-12 所示为 LMAX 在其高性能核心服务中使用 Disruptor 的示例。图中有 3 个消费者，即日志记录 JournalConsumer（将输入数据写入持久性日志文件）、复制 ReplicationConsumer（将输入数据发送到另一台机器以确保存在数据的远程副本）和业务逻辑 ApplicationConsumer

（真正的处理工作），其中 JournalConsumer 和 ReplicationConsumer 是可以并行执行的。

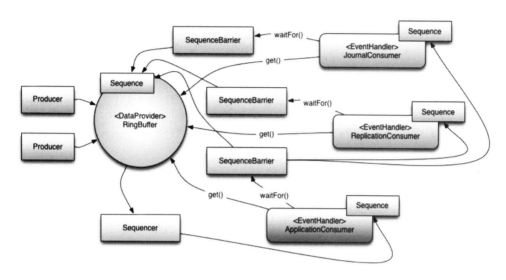

图 8-12　Disruptor 示例流程图

Producer 向 Disruptor 的 Ring Buffer 中写入事件，消费者 JournalConsumer 和 Replication Consumer（EventHandler）使用多播方式同时消费 Ring Buffer 中的每一个元素，两者都有各自的 SequenceBarrier 用来控制当前可消费 Ring Buffer 中的哪一个事件，并且当不存在可用事件时如何处理。消费者 ApplicationConsumer 则是等 JournalConsumer 和 ReplicationConsumer 对同一个元素处理完毕后，再处理该元素，这可以使用图 8-13 来概括。

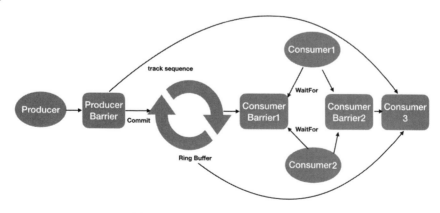

图 8-13　Disruptor 示例流程简化图

每个消费者持有自己的当前消费序号，由于是环形 buffer，因而生产者写入事件时要看序号最小的消费者序号，以避免覆盖还没有被消费的事件，另外 Consumer3 只能消费已经被 Consumer1、Consumer2 都处理过的事件。

8.3.2　Disruptor 的特性详解

Disruptor 具有多播能力（Multicast），这是 Java 中队列和 Disruptor 之间最大的行为差异。当有多个消费者在同一个 Disruptor 上监听事件时，所有事件都会发布给所有消费者，而 Java 队列中的每个事件只会发送给某一个消费者。Disruptor 的行为旨在用于需要对同一数据进行独立的多个并行操作的情况。

Disruptor 的目标之一是在低延迟环境中使用。在低延迟系统中，必须减少或移除运行时内存分配；在基于 Java 的系统中，目的是减少由于垃圾收集导致的系统停顿。为了支持这一点，用户可以预先为 Disruptor 中的事件分配其所需的存储空间（也就是声明 Ring Buffer 的大小）。在构造 Ring Buffer 期间，EventFactory 由用户提供，并将在 Disruptor 的 Ring Buffer 中每个事件元素创建时被调用。将新数据发布到 Disruptor 时，API 将允许用户获取构造的对象，以便调用方法或更新该存储对象上的字段，Disruptor 保证这些操作只要正确实现就是并发安全的。

低延迟期望推动的另一个关键实现细节是使用无锁算法来实现 Disruptor，所有内存可见性和正确性保证都是使用内存屏障（体现为 volatile 关键字）或 CAS 操作实现的。在 Disruptor 的实现中只有一种情况需要实际锁定——当使用 BlockingWaitStrategy 策略时，这仅仅是为了使用条件变量，以便在等待新事件到达时 parked 消费线程。许多低延迟系统将使用忙等待（busy-wait）来避免使用条件可能引起的抖动，但是大量在系统繁忙等待的操作可能导致性能显著下降，尤其是在 CPU 资源严重受限的情况下。

在 JDK 的 BlockingQueue 中添加或取出元素时是需要加独占锁的，通过锁来保证多线程对底层共享的数据结构进行并发读写的线程安全性，使用锁会导致同时只有一个线程可以向队列添加或删除元素。Disruptor 则使用两阶段协议，让多个线程可同时修改不同元素，需要注意，消费元素时只能读取到已经提交的元素。在 Disruptor 中某个线程要访问 Ring Buffer 中某个序列号下对应的元素时，要先通过 CAS 操作获取对应元素的所有权（第一阶段），然后通过序列号获取对应的元素对象并对其中的属性进行修改，最后再发布元素（第二阶段），只有发布后的元素才可以被消费者读取。当多个线程写入元素时，它们都会先执行 CAS 操作，获取到 Ring buffer 中的某一个元素的所有权，然后可以并发对自己的元素进行修改。注意，只有序列号小的元素发布后，后面的元素才可以发布。可知相比使用锁，使用 CAS 大大减少了开销，提高了并发度。

其实在单生产者的情况下 Disruptor 甚至可以省去 CAS 的开销，因为在这种情况下，只有一个线程来请求修改 Ring Buffer 中的数据，生产者的序列号使用普通的 long 型变量即可。在创建 Disruptor 时是可以指定是单生产者还是多生产者的，如果你的业务就是单生产者模型，那么创建 Disruptor 时指定生产者模式为 ProducerType.SINGLE 效果会更好。

计算机系统中为了解决主内存与 CPU 运行速度的差距，在 CPU 与主内存之间添加了一级或多级高速缓冲存储器（Cache），这个 Cache 一般是集成到 CPU 内部的，所以也叫 CPU Cache，图 8-14 所示为两级 Cache 结构。

图 8-14　Cache 结构图

Cache 内部是按行存储的，其中每一行称为一个 Cache 行（见图 8-15）。Cache 行是 Cache 与主内存进行数据交换的单位，大小一般为 2 的幂次数字节。

CPU 访问某一个变量时，首先会去看 CPU Cache 内是否有该变量，如果有则直接从中获取，否则就去主内存里获取该变量，然后把该变量所在内存区域的一个 Cache 行大小的内存复制到 Cache。由于存放到 Cache 行的是内存块而不是单个变量，所以可能会把多个变量存放到了一个 Cache 行。当多个线程同时修改一个 Cache 行里的多个变量时，由于同时只能有一个线程操作缓存行，因而相比每个变量放到一个 Cache 行性能会有所下降，这就是伪共享。

图 8-15　Cache 行

如图 8-16 所示，变量 x, y 同时被放到了 CPU 的一级和二级缓存，当线程 1 使用 CPU1 对变量 x 进行更新时，首先会修改 CPU1 的一级缓存变量 x 所在缓存行，这时候缓存一致性协议会导致 CPU2 中变量 x 对应的缓存行失效，那么线程 2 写入变量 x 的时候就只能去二级缓存查找，这就破坏了一级缓存，而一级缓存比二级缓存更快，这里也说明了多个线程不可能同时去修改自己所使用的 CPU 中缓存行中相同缓存行里面的变量。更坏的情况下 CPU 只有一级缓存，会导致频繁地直接访问主内存（更多伪共享内容可参考《Java 并发编程之美》一书）。

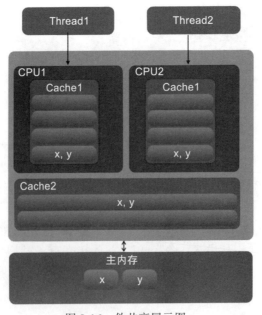

图 8-16　伪共享展示图

Disruptor 中的 Ring Buffer 底层是一个地址连续的数组，数组内相邻的元素很容易会被放入同一个 Cache 行里，从而导致伪共享的出现。Disruptor 则通过缓存行填充，让数组中的每个元素独占一个缓存行从而解决了伪共享问题的出现。另外为了避免 Ring Buffer 中序列号（定位元素的游标）与其他元素共享缓存行，对其也进行了缓存行填充，以提高访问序列号时缓存的命中率。

8.3.3　基于 Disruptor 实现异步编程

上节介绍了 Disruptor 中的核心概念，本节看看如何使用 Disruptor。这里摘录官方的一个例子并稍加改造，例子的功能其实就是对上节介绍的例子的实现，这个例子中将含有一个生产者来生成元素，然后有两个消费者 JournalConsumer 和 ReplicationConsumer 并行消费同一个元素，等同一个元素都被消费后，消费者 ApplicationConsumer 再执行具体业务逻辑。

首先引入依赖包：

```
<dependency>
    <groupId>com.lmax</groupId>
    <artifactId>disruptor</artifactId>
    <version>3.4.2</version>
</dependency>
```

其次定义 Ring Buffer 中存放的事件对象，其定义如下：

```
public class LongEvent {
    private long value;

    public void set(long value) {
        this.value = value;
    }

    public long get() {
        return value;
    }
}
```

以上代码定义了事件类型 LongEvent，其中包含业务参数 value。为了让 Disruptor

框架预分配 Ring Buffer 中的事件对象，需要实现 EventFactory 接口提供一个构造事件对象的方法，代码如下：

```
public class LongEventFactory implements EventFactory<LongEvent> {
    public LongEvent newInstance() {
        return new LongEvent();
    }
}
```

再次创建具体的消费者用来消费生产的元素，这需要实现 EventHandler 接口，实现 3 个消费者：

```
//将输入数据写入持久性日志文件的消费者
public class JournalConsumer implements EventHandler<LongEvent> {
    public void onEvent(LongEvent event, long sequence, boolean endOfBatch) {
        System.out.println(Thread.currentThread().getName() + "Persist Event:
" + event.get());
    }
}

//将输入数据发送到另一台机器以确保存在数据的远程副本的消费者
public class ReplicationConsumer implements EventHandler<LongEvent> {
    public void onEvent(LongEvent event, long sequence, boolean endOfBatch) {
        System.out.println(Thread.currentThread().getName() + "Replication
Event: " + event.get());
    }
}

//真正处理业务逻辑的消费者
public class ApplicationConsumer implements EventHandler<LongEvent> {
    public void onEvent(LongEvent event, long sequence, boolean endOfBatch) {
        System.out.println(Thread.currentThread().getName() + "Application
Event: " + event.get());
    }
}
```

接着需要一个 source 来发布事件，source 可以是来自于 IO 设备、网络、文件等的数据。下面使用原生 API 方式发布数据，发布者代码如下：

```
public class LongEventProducer {
    private final RingBuffer<LongEvent> ringBuffer;
    public LongEventProducer(RingBuffer<LongEvent> ringBuffer) {
```

```
        this.ringBuffer = ringBuffer;
    }

    public void onData(long bb) {
        long sequence = ringBuffer.next(); // 8.1 第一阶段，获取序列号
        try {
            LongEvent event = ringBuffer.get(sequence); // 8.2 获取序列号对应的
实体元素
            event.set(bb); // 8.3 修改元素的值
        } finally {
            ringBuffer.publish(sequence);// 8.4 发布元素
        }
    }
}
```

显然，事件发布变得比使用 JDK 中简单队列更复杂，这是由于对事件预分配的需求。它需要实现消息发布的两阶段，即第一阶段获取 Ring Buffer 的槽中对象并修改，第二阶段发布可用数据；还必须将发布包装在 try/finally 块中。如果在 Ring Buffer 中声明一个槽（调用 RingBuffer.next()），那么必须发布这个序列，否则可能会导致序列状态被污染。

最后一步是将上面所有组件连接在一起。可以手动连接所有组件，但可能有点复杂，因此提供 DSL 以简化构造，组装代码如下：

```
public class LongEventMain {

    public static void main(String[] args) throws Exception {
        // 1.创建Ring Buffer中事件元素的工厂对象
        LongEventFactory factory = new LongEventFactory();

        // 2.指定Ring Buffer的大小,必须为2的幂次方
        int bufferSize = 1024;

        // 3.构造Disruptor
        Disruptor<LongEvent> disruptor = new Disruptor<LongEvent>(factory,
bufferSize, DaemonThreadFactory.INSTANCE, ProducerType.SINGLE,new
BlockingWaitStrategy());

        // 4.注册消费者
        disruptor.handleEventsWith(new JournalConsumer(), new
ReplicationConsumer()).then(new ApplicationConsumer());
```

```
// 5.启动Disruptor, 启动线程运行
disruptor.start();

// 6.从Disruptor中获取Ring Buffer
RingBuffer<LongEvent> ringBuffer = disruptor.getRingBuffer();

// 7. 创建生产者
LongEventProducer producer = new LongEventProducer(ringBuffer);

// 8. 生产元素, 并放入Ring Buffer
for (long l = 0; l < 100; l++) {
    producer.onData(l);

    Thread.sleep(1000);
}

// 9.挂起当前线程
Thread.currentThread().join();

    }
}
```

在上述代码中，代码 1 创建了一个事件对象生成的工厂对象；代码 2 指定 Ring Buffer 的大小；代码 3 构造 Disruptor 对象，其构造函数内会根据 bufferSize 的大小调用 LongEventFactory 创建对应个数的事件对象（事件预分配），并且这里使用 DaemonThreadFactory.INSTANCE 作为其背后异步任务调用的线程池（当然也可以传递自己的线程池）。另外，因为只有一个生产者，所以生产者模式设置为了 ProducerType. SINGLE 以便遵循 Single Writer 原则；最后设置 Ring Buffer 的等待策略为 Blocking-WaitStrategy。

代码 4 注册消费者，注册了 JournalConsumer、ReplicationConsumer 和 Application Consumer 三个消费者，旨在等同一个元素被 JournalConsumer 和 ReplicationConsumer 消费后，ApplicationConsumer 才可以消费对应的元素。

代码 4 执行完毕后框架还没启动，代码 5 的作用是启动框架内的线程；代码 6 从 Disruptor 中获取 Ring Buffer，以便在后面向里面写入事件；代码 7 创建了一个生产者 LongEventProducer 实例并且把 ringbuffer 作为构造函数；代码 8 则循环创建 100 个数

据，然后调用 LongEventProducer 的 onData 方法把事件发送出去，这个发送操作是异步的，会马上返回。

LongEventProducer 的 onData 方法内代码 8.1 首先执行两阶段的第一阶段，也就是获取当前 Ring Buffer 中的序列号；代码 8.2 获取对应序列号对应的事件对象；代码 8.3 修改对象的属性；代码 8.4 则发布事件，发布后，其他消费者就对该元素可见了。

8.4　异步、分布式、基于消息驱动的框架——Akka

8.4 .1　Akka 概述

Akka 是一个工具包，用于在 JVM 上构建高并发、分布式、弹性、基于消息驱动的应用程序。我们之所以认为编写正确的并发、分布式、回弹性（resilient）和弹性（elastic）应用程序太难，大多情况下是因为我们使用了错误的工具和错误的抽象级别。Akka 的出现改变了这种状况，它使用 Actor 模型，提高了抽象级别，允许我们专注于业务逻辑的处理，而不是为提供系统的可靠性、容错性、高性能而编写大量的基础保障代码。Akka 提供了一个更好的平台来构建正确的并发和可伸缩应用程序，该模型非常适合前文 5.1 节讲解的反应式系统中列出的原则。

为了保持回弹性，Akka 采用了"让它崩溃（Let it crash）"模型，该模型已在电信行业成功用于构建具有自我修复功能的应用程序和系统。Actor 模型还提供对透明分发的抽象，以及真正可伸缩和容错的应用程序的基础。

下面看下 Akka 的特性：

- 可以更简单地构建并发和分布式系统

Akka 基于 Actor 模型和 Streams，让我们可以构建可伸缩的，并且可以高效使用服务器资源，使用多个服务器进行扩展的系统。

- 回弹性设计

遵守"反应式宣言"的原则，Akka 让我们编写出可以在出现故障时能够自我修复，并保持响应能力的系统。

- 高性能

在单台计算机上可以处理高达每秒 5000 万条消息。内存占用少；每 GB 堆可以创建约 250 万个 actor（参与者）。

- 弹性和分散性

分布式系统没有单点故障，具有跨节点的负载平衡和自适应路由。具有群集分片的事件源和 CQRS（Command Query Responsibility Segregation，读写责任分离）。使用 CRDT（Conflict-free Replicated Data Types，无冲突的复制数据类型）实现最终一致性的分布式数据。

- 反应流数据

具有回压的异步非阻塞流处理。完全异步和基于流的 HTTP 服务器和客户端为构建微服务提供了一个很好的平台。

8.4.2 传统编程模型存在的问题

Actor 模型不仅仅被认为是一种高效的解决方案，它已经在世界上一些要求最苛刻的应用中得到了验证。为了突出 Actor 模型所解决的问题，本节首先讨论传统编程模型与现代多线程和多 CPU 的硬件架构之间的不匹配：

- 对面向对象中封装（encapsulation）特性的挑战
- 对共享内存在现代计算机架构上的误解
- 对调用堆栈的误解

1. 对封装特性的挑战

封装是面向对象编程（OOP）中的一大特性，封装意味着对象内部的数据不能够在对象外直接访问，必须通过对象提供的一系列方法来间接访问。对象负责公开对数据的安全操作的方法，以保护其封装的数据的不变性。

在多线程下，多个线程同时调用同一个对象的方法来修改其内部封装的数据时，就会存在线程安全问题，这是因为封装本身不确保对象内部数据的一致性，在没有对对象的方法在修改数据施加一定同步措施时，对象内的数据就会在多线程访问下变得不确定了。

一个解决该问题的方式是，多线程访问对象方法内数据时施加一定同步措施，比如加锁。加锁可以保证同时只有一个线程可以访问对象内的数据，但是加锁会带来昂贵的代价：

- 使用锁会严重影响并发度，使用锁在现在 CPU 架构中是一个比较昂贵的操作，因为当线程获取锁失败后会把线程从用户态切换到内核态把线程挂起，稍后唤醒后又需要从内核态切换到用户态继续运行。
- 获取锁失败的调用线程会被阻塞挂起，因此它不能做任何有意义的事情。即使在桌面应用程序中这也是不可取的，我们想要的是即使后台有一个比较耗时的工作在运行，也要保证系统对用户的一部分请求有响应。在后端应用中，阻塞是完全浪费资源的。另外可能有人认为，虽然当前线程阻塞了，但是我们可以通过启动新线程来弥补这一点，需要注意，线程也是一种昂贵的资源，操作系统对线程个数是有限制的。
- 锁的存在带来了新的威胁，即死锁问题。

以上问题导致我们进退两难：

- 如果不使用足够多的锁，则不能保证多线程下对象中数据不受到破坏。
- 如果在对象中每个数据访问时都加了锁，则会导致系统性能下降，并且很容易导致死锁。

另外，锁只能在单 JVM 内（本地锁）很好地工作。当涉及跨多台机协调时，只能使用分布式锁。但是分布式锁的效率比本地锁低几个数量级，这是因为分布式锁协议需要跨多台机在网络上进行多次往返通信，其造成的最大影响就是延迟。

✅ **小结：**

- 对象只能在单线程情况下保证封装的安全性，也就是保证对象封装的数据的线程安全性。多线程下修改对象内的数据，大多情况下会导致数据被污染，产生脏数据。
- 虽然锁看起来是保证多线程下封特性比较直接的方式，但实际上使用锁的效率低下，并且在任何实际规模的应用中都容易导致死锁的产生。
- 本地锁是经常使用的，但是如果尝试将其扩展为分布式锁则是有代价的，并且其横向扩展的潜力有限。

2. 对共享内存在现代计算机架构上的误解

20 世纪 80 年代到 90 年代，编程模型被概念化地表示，写入变量时是直接把其值写入主内存里的（这有点混淆了局部变量可能只存在于 CPU 寄存器中的事实）。在现在计算机硬件架构中，计算机系统中为了解决主内存与 CPU 运行速度的差距，在 CPU 与主内存之间添加了一级或多级高速缓冲存储器（Cache），每个 Cache 由多个 Cache 行组成，这些 Cache 一般是集成到 CPU 内部的，所以也叫 CPU Cache。当我们写入变量时，实际是写入当前 CPU 的 Cache 中，而不是直接写入主内存中，并且当前 CPU 核对自己 Cache 写入的变量对其他 CPU 核是不可见的，这就是 Java 内存模型中共享变量的内存不可见问题。

在 JVM 中，可以使用 volatile 关键字修饰变量，或者使用 JUC 包中的原子性变量（如 AtomicLong）对普通变量进行包装，来保证多线程下共享变量的内存可见性，当然使用加锁的方式也可以保证内存可见性，但是其开销更大。既然使用 volatile 关键字可以解决共享变量内存可见性问题，那么为何不把所有变量都使用 volatile 修饰呢？这是因为使用 volatile 修饰变量，写入该变量的时候会把 Cache 直接刷新回内存，读取时会把 Cache 内缓存失效，然后从主内存加载数据，这就破坏了 Cache 的命中率，对性能是有损的。

所以我们需要细心分析哪些变量需要使用 volatile 修饰，但是即使开发人员意识到 volatile 可以解决内存不可见问题，从系统中找出哪些变量需要使用 volatile 或原子性结构进行修饰也是一件困难的事情，这使得我们在非业务逻辑处理上需要耗掉一部分精力。

✅ 小结：

- 在现在多核 CPU 的硬件架构中，多线程之间不再有真正的共享内存，CPU 核心之间显式传递数据块（Cache 行）将和网络中不同计算机之间传递数据一样。CPU 核心之间通信和网络通信的共同点比许多人意识中的要多。现在跨 CPU 或联网计算机传递消息已成为一种规范。
- 除了通过使用 volatile 修饰共享的变量或使用原子数据结构保证共享变量内存可见性之外，一个更严格和原则上的方法是将状态保持在并发实体本地，并通过消息显式在并发实体之间传播数据或事件。

3. 对调用堆栈的误解

提起调用堆栈（call stack）大家都耳熟能详，但是其被发明是在并发编程不是那么重要的时候，那时候多核 CPU 系统还不常见，所以调用堆栈不会跨线程，因此不会为异步调用链提供调用堆栈能力。

在多线程下，当主线程（调用线程）开启一个异步线程运行异步任务时，问题就出现了。这时候主线程会将共享对象放到异步线程可以访问到的共享内存里面，待开启异步线程后主线程继续做自己的事情，而异步线程则会从共享内存中访问到主线程创建的共享对象，然后进行异步处理。

进行异步处理时遇到的第一个问题是，异步线程执行完任务后，如何通知主线程？另外，当异步任务执行出现异常时该怎么做？这个异常将会被异步线程捕获，并且不会传递给主调用线程。

理论上，主调用线程需要在异步任务执行完毕或者出异常时被通知，但是没有调用堆栈可以传递异常。异步任务执行失败的通知只能通过辅助方式完成，比如 Future 方式，将错误码写到主调用线程所在的地方。如果没有此通知，则主调用线程将永远不会收到失败通知，并且任务将丢失。这类似于网络系统的工作方式，其中消息或请求可能会丢失或失败，但不会发出任何通知。

当真的发生错误时，这种情况会变得更糟，当异步工作线程遇到错误时会导致最终陷入无法恢复的境地。例如由错误引起的内部异常会冒泡到线程的根，并使线程关闭。这立即引发了一个问题，谁应该重新启动该异步线程执行的任务，以及如何将其还原到已知状态？乍一看，这似乎是可以管理的，但我们突然遇到了一个新现象：异步线程当前正在执行的实际任务并没有存放起来。实际上，由于到达顶部的异常使所有调用栈退出，任务状态已经完全丢失了。即使这是本地通信，也没有网络连接，但是还是丢失了一条消息（可能会丢失消息）。

⊘ 小结：

- 为了在当前系统上实现任何有意义的并发性和提高性能，线程必须以高效的方式在彼此之间委派任务，而不会阻塞。使用这种类型的任务委派并发（甚至在网络 / 分布式计算中更是如此），基于调用堆栈的错误处理会导致崩溃。因此需要引入新的显式错误信令机制，让失败成为域模型的一部分。
- 具有工作委派的并发系统需要处理服务故障，并需要具有从故障中恢复的原则与方法。此类服务的客户端需要注意，任务 / 消息可能会在重新启动期间丢失。即使没有发生损失，由于先前排队的任务（较长的队列）或者垃圾回收导致的延迟等，将会导致响应可能会被任意延迟。面对这些情况，并发系统应以超时的形式处理响应截止日期。

8.4.3 Actor 模型解决了传统编程模型的问题

1. Actor 模型概述

Actor 模型是用于处理并发计算的模型，它定义了一些有关系统组件应该如何运作和相互之间如何交互的通用规则。在 Actor 模型中，每个 Actor 代表一个基本的计算单元，其可以接收消息并基于消息做一些计算处理。这和面向对象语言中的理念非常相似，一个对象调用一个方法，然后基于该方法的结果做一些事情。Actor 模型最重要的特点是其系统中的 Actor 之间是相互隔离的，并且 Actor 之间并不会存在共享内存（共享资源），每个 Actor 中可以持有一个自己私有状态变量，这个变量是其他 Actor 改变不了的。

在 Actor 模型中每个 Actor 都有自己的地址，Actor 之间通过地址相互通过消息通信。Actor 的目的是处理消息，这些消息是从其他 Actor 发送给当前 Actor 的。连接发送方和接收方 Actor 的是 Actor 的邮箱，如图 8-17 所示，在 Actor 模型中，每个 Actor 有自己独立的邮箱，所有发送方向接收方 Actor 发送消息时，实际是把消息投递到接收者 Actor 的邮箱进行排队，排队是按发送操作的时间顺序发生的。

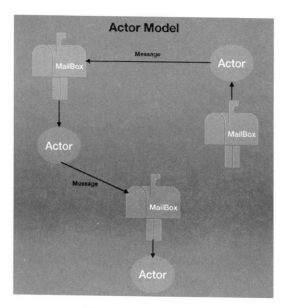

图 8-17　Actor 系统图

由图 8-17 可知，Actor 之间只能通过消息进行通信，当某一个 Actor 要给其他 Actor 发消息时，只需将消息异步投递到目标 Actor 对应的邮箱即可。总结一下就是每个 Actor 都有自己的邮箱，Actor 是串行处理自己邮箱里的消息的，另外 Actor 中的消息是不可变的。

Akka 中对失败的处理使用了"让它崩溃"的理念，这部分关键代码被监控者监控着（每个 Actor 实际就是一个监控者），监控者的唯一职责是知道失败后该干什么，Actor 模型的出现让这种理念的实现成为可能。Actor 之间的依赖关系是：监督者将任务委托给子 Actor，因此必须对其失败做出响应。当子级检测到故障（即抛出异常）时，它会挂起自身及其所有下级，并向其监督者发送一条消息，也就是故障信号。如果一个 Actor 到达异常状态并崩溃，无论如何，都可以做出反应并尝试把它变成一致状态。这有很多策略，最常见的是根据初始状态重启 Actor。

另外 Actor 模型并不在意接收消息的是当前 JVM 内的 Actor 还是远端机器上的 Actor，这允许我们基于许多计算机上构建系统，并且恢复其中任何一台。

2. Actor 模型解决了传统编程模型的问题

如前所述，传统编程实践不能很好地满足现有系统的需求，Actor 模型则以原则性的方式解决了这些缺点，使系统的行为方式与我们所认知的模型更匹配。Actor 模型的抽象使我们可以从通信的角度来考虑代码，使用 Actor 模型允许我们：

- 在不依赖锁的情况下保证多线程下对象的封装特性；
- 使用合作实体（cooperative entity）的模型来对信号作出反应、更改状态并相互发送信号，以推动整个应用程序前进；
- 不必再担心系统的执行机制与我们的认知观不符。

（1）使用消息传递避免锁和阻塞

Actor 模型中组件之间的相互通信不再使用方法调用，而是通过发消息的方式进行通信，使用发消息的方式，不会导致发消息的调用线程的执行权转移到消息接收者。每个 Actor 可以连续发消息，由于是异步的，不会被阻塞。因此在同等时间内其可以完成更多工作。

对于对象，当调用其方法返回时，它会释放调用其线程的控制权；Actor 的行为与对象类似，当接收者 Actor 接收到消息后，会对消息进行反应，并在处理完消息后返回，所以 Actor 的执行符合我们认知中的执行逻辑。

传递消息和调用方法之间的重要区别是，消息没有返回值。通过发送消息，Actor 会将工作委托给另一个 Actor。正如我们在调用堆栈误解中看到的那样，如果期望返回值，则发送方 Actor 调用线程将需要阻塞或调用线程会执行其他 Actor 的工作。相反，接收方会在回复消息中传递结果。

在模型中需要进行的第二个关键更改是恢复封装性。Actor 对消息做出反应，就像对象对在其上的调用方法一样。区别在于，接收消息的 Actor 是独立于消息发送方 Actor 执行的，是一次接一个地响应传入的消息，而不是多个线程并发执行，因此不会破坏 Actor 内部状态和不变量。当每个 Actor 都按顺序处理发送给它的消息时，不同的 Actor 会并发工作，因此 Actor 系统可以同时处理硬件支持的尽可能多的消息。

由于每个 Actor 同时最多只能处理一条消息，因而可以保持 Actor 的不变性，而无须使用锁等进行同步。

总而言之，当 Actor 收到消息时，会发生以下情况：

- Actor 将消息添加到队列的末尾。
- 如果 Actor 没有被安排执行，则将其标记为准备执行。
- Actor 系统框架内的调度程序将接收该 Actor 并开始执行它。
- Actor 从队列的前面选择消息。
- Actor 修改内部状态，将消息发送给其他 Actor。
- Actor 处于无调度、空闲状态。

为了实现上述行为，Actor 需要具有下面特性：

- 一个邮箱（用于存放发送者发来的消息）。
- 行为（Actor 的状态、内部变量等）。
- 消息（代表信号的数据片段，类似于方法调用及其参数）。
- 执行环境（一种使具有消息的 Actor 响应并调用其消息处理代码的机制）。
- 地址（每个 Actor 有自己的地址）。

其中，Actor 的行为描述了其如何响应消息（例如发送更多消息和 / 或更改状态）。执行环境则编排了一个线程池，以透明地驱动所有这些动作。这是一个非常简单的模型，它解决了列举的问题：

- 通过将执行与信号分离（方法调用方式会转换任务的执行权，消息传递则不会）来保留封装性。

- 不需要锁。只能通过消息修改 Actor 的内部状态，而消息是顺序处理的，以试图消除保持不变性时的竞争问题。

- 在任何地方都没有使用锁，发送者也不会被阻塞。可以在十几个线程上有效地调度数百万个 Actor，从而充分发挥现代 CPU 的潜力。

- Actor 的状态是本地的而不是共享的，更改和数据通过消息进行传递，这与现代系统中内存的实际工作方式相对应。在许多情况下，这意味着仅传递包含了消息数据的 Cache 行，而将本地状态和数据保留在原始 CPU 核中。相同的模型可以精确地映射到远程通信，在远程通信中，状态将保留在机器的主内存中，更改和数据则作为数据包在网络上传播。

（2）使用 Actor 优雅地处理错误

因为 Actor 模型中 Actor 之间是通过消息进行通信，不存在共享调用堆栈了，所以我们需要使用其他方式来处理错误。下面来看两种处理方式：

- 当目标 Actor 上运行被代理的任务发生错误时，比如任务内参数校验错误或者执行抛出了 NPE 异常等。在这种情况下，目标 Actor 封装的服务是完整的，只是任务执行本身发生了错误。目标 Actor 应该向消息发送方回复一条消息，提示错误情况。这里没有什么特别的，错误是域的一部分，因此成为普通消息。

- 当服务本身遇到内部错误时，Akka 强制将所有 Actor 组织成树状层次结构，即创建另一个 Actor 的 Actor 成为该新 Actor 的父节点。这与操作系统将进程组织到树结构中的方式非常相似。就像进程一样，当一个 Actor 失败时，它的父 Actor 会收到通知，并且可以对失败做出反应。同样，如果父 Actor 停止了，则其所有子 Actor 也将递归停止。这项服务被称为监督（supervisor），它是 Akka 的核心。

监督程序可以决定在某些类型的故障上重新启动其子 Actor，或者完全停止其子 Actor。子 Actor 们永远不会默默地死掉，如果它们失败了，它们的父 Actor 可以对错误作出反应，要么把他们停止掉（在这种情况下会自动通知有兴趣的各方）。始终会有一个负责管理 Actor 的实体：其父 Actor。重新启动 Actor 的操作对我们是透明不可见的：
发送消息的 Actor 可以在目标 Actor 重新启动时继续向其发送消息。

8.4.4　基于 Akka 实现异步编程

1. 基于 Akka 实现本地异步编程

本节基于 Actor 实现一个简单的加法器，用来让子 Actor 异步计算传递的两个加
数的和，计算完毕后异步通知结果给其父 Actor，这个例子中包含 ClientActor 及其子
Actor CalculatorActor，其树状结构如图 8-18 所示。

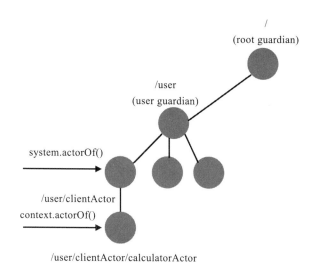

图 8-18　Actor 系统图

首先定义下消息的域对象：

```java
public class Messages {
    // 加法域对象
    public static class Sum implements Serializable {
        private int first;
        private int second;

        public Sum(int first, int second) {
            this.first = first;
```

```
        this.second = second;
    }

    public int getFirst() {
        return first;
    }

    public int getSecond() {
        return second;
    }
}

// 存放计算结果的域对象
public static class Result implements Serializable {
    private int result;

    public Result(int result) {
        this.result = result;
    }

    public int getResult() {
        return result;
    }
}
}
```

然后看下 ClientActor 的代码：

```
public class ClientActor extends UntypedActor {
    private LoggingAdapter log = Logging.getLogger(getContext().system(), this);

    //1.创建子actor,CalculatorActor
    private ActorRef actorRef = getContext().actorOf(Props.
create(CalculatorActor.class), "calculatorActor");

    //2.处理逻辑
    @Override
    public void onReceive(Object message) throws Exception {
        //2.1 如果消息内容为DoCalcs，则执行计算
        if (message.equals("DoCalcs")) {

            log.info("Got a calc job, local calculator");
            actorRef.tell(new Messages.Sum(1, 2), getSelf());
```

```
//2.2 如果为Messages.Result类型消息，则打印结果
  } else if (message instanceof Messages.Result) {
     Messages.Result result = (Messages.Result) message;
     log.info("Got result back from calculator: {}", result.getResult());
  }


  }
}
```

如上 ClientActor 代码中，代码 1 基于 ClientActor 的上下文为其创建一个子 Actor CalculatorActor，代码 2 具体处理消息：如果消息内容为 DoCalcs，则调用子 Actor 进行消息处理；如果消息类型为 Messages.Result 类型消息，则打印结果。

下面是 CalculatorActor 的代码：

```
public class CalculatorActor extends UntypedActor {

    private LoggingAdapter log = Logging.getLogger(getContext().system(), this);
    //3.处理逻辑
    @Override
    public void onReceive(Object message) throws Exception {
        log.info("onReceive({})", message);
        //3.1 如果消息为Sum类型，则处理
        if (message instanceof Sum) {
            log.info("got a Sum message");
            Sum sum = (Sum) message;

            //3.1.1 计算加法，并返回结果
            int result = sum.getFirst() + sum.getSecond();
            getSender().tell(new Result(result), getSelf());
        } else {
        //3.2
            unhandled(message);
        }
    }
}
```

如上代码 3.1，如果消息为 Sum 类型，则计算加法，然后把结果返回给消息发送者，否则忽略。

下面使用 Actor 系统启动 Actor 的运行，代码如下：

```java
public static void main(String[] args) {
    // 1. 创建Actor系统
    ActorSystem system = ActorSystem.create("AkkaRemoteClient");

    // 2. 创建Actor
    ActorRef client = system.actorOf(Props.create(ClientActor.class),
"clientActor");

    // 3. 发送消息
    client.tell("DoCalcs", ActorRef.noSender());
}
```

如上代码 1 创建了名称为 AkkaRemoteClient 的 Actor 系统，代码 2 基于该系统创建 ClientActor，代码 3 向该 Actor 发送消息（该操作是异步的，会马上返回）。

代码 3 发送消息后，ClientActor 的 onReceive 方法会被调用，其发现消息内容为 DoCalcs 后，给其子 Actor CalculatorActor 发送一个 Messages 管理的 Sum 对象用来保存加数 1 和 2，接着 CalculatorActor 的 onReceive 方法会被调用，后者会计算 1+2 的值，把计算结果写回 ClientActor，然后 ClientActor 的 onReceive 方法会被调用并打印计算结果。

运行上面代码则会输出：

```
[INFO] [09/27/2019 15:12:39.069] [AkkaRemoteClient-akka.actor.default-
dispatcher-4] [akka://AkkaRemoteClient/user/clientActor] Got a calc job,
local calculator
[INFO] [09/27/2019 15:12:39.070] [AkkaRemoteClient-akka.actor.default-
dispatcher-3] [akka://AkkaRemoteClient/user/clientActor/calculatorActor]
onReceive(example.akka.remote.shared.Messages$Sum@6ba49614)
[INFO] [09/27/2019 15:12:41.071] [AkkaRemoteClient-akka.actor.default-
dispatcher-3] [akka://AkkaRemoteClient/user/clientActor/calculatorActor] got
a Sum message
[INFO] [09/27/2019 15:12:41.073] [AkkaRemoteClient-akka.actor.default-
dispatcher-2] [akka://AkkaRemoteClient/user/clientActor] Got result back from
calculator: 3
```

由上可知，加法计算符合预期。

2. 基于 Akka 实现远程异步编程

上面概述了如何在单个 JVM 内使用 Akka 进行异步编程，本节来介绍 Akka 如何透明地进行远程调用。这时把 Actor CalculatorActor 放到远端的 Actor 系统中作为服务提供端，ClientActor 则作为调用客户端的 Actor，系统图如图 8-19 所示。

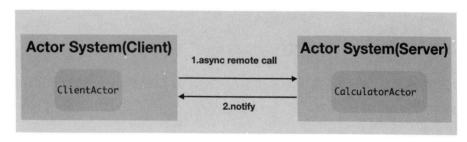

图 8-19　Actor 远程调用图

对应服务端需要把 CalculatorActor 移动到服务端代码中，然后添加配置文件 appliction.conf 配置文件，其内容如下：

```
akka {
  actor {//修改为远端
    provider = "akka.remote.RemoteActorRefProvider"
  }
  remote {//TCP传输
    enabled-transports = ["akka.remote.netty.tcp"]
    netty.tcp {//服务IP与监听端口
      hostname = "127.0.0.1"
      port = 2552
    }
  }
}
```

最后需要添加服务启动代码如下：

```
public static void main(String... args) {
    // 1. 创建Actor系统
    ActorSystem system = ActorSystem.create("AkkaRemoteServer",
ConfigFactory.load());

    // 2. 创建Actor
    system.actorOf(Props.create(CalculatorActor.class), "CalculatorActor");
}
```

如上代码 1 创建了服务端 Actor 系统，启动时会加载 application.conf 配置文件，然后代码 2 基于系统创建了用于计算的 Actor CalculatorActor。运行上面代码会输出如下：

```
[INFO] [09/27/2019 14:57:45.421] [main] [Remoting] Starting remoting
[INFO] [09/27/2019 14:57:45.585] [main] [Remoting] Remoting started;
listening on addresses :[akka.tcp://AkkaRemoteServer@127.0.0.1:2552]
[INFO] [09/27/2019 14:57:45.586] [main] [Remoting] Remoting now listens on
addresses: [akka.tcp://AkkaRemoteServer@127.0.0.1:2552]
```

可知服务已经启动，并且在端口 2552 监听客户端的请求。

对应客户端系统只需要修改上节讲解的 ClientActor 中子 Actor 的创建，修改后代码如下：

```
public class ClientActor extends UntypedActor {
    private LoggingAdapter log = Logging.getLogger(getContext().system(), this);
    //创建远端Actor系统服务的引用
    private ActorSelection actorRef = getContext().actorSelection("akka.
tcp://AkkaRemoteServer@127.0.0.1:2552/user/CalculatorActor");

    @Override
    public void onReceive(Object message) throws Exception {
        if (message.equals("DoCalcs")) {

            log.info("Got a calc job, send it to the remote calculator");
            actorRef.tell(new Messages.Sum(1, 2), getSelf());

        } else if (message instanceof Messages.Result) {
            Messages.Result result = (Messages.Result) message;
            log.info("Got result back from calculator: {}", result.getResult());
        }
    }
}
```

然后需要添加 application.conf 配置文件，配置文件内容如下：

```
akka {
  actor {//修改为远端
    provider = "akka.remote.RemoteActorRefProvider"
  }
  remote {//TCP传输
    enabled-transports = ["akka.remote.netty.tcp"]
```

```
netty.tcp {//服务IP与监听端口
  hostname = "127.0.0.1"
  port = 2553
  }
 }
}
```

如上配置，客户端用来在端口 2553 监听别人对自己的请求，客户端还需要修改服务启动代码，把创建 Actor 系统的代码修改为如下：

```
public static void main(String[] args) {
    // 1. 创建Actor系统，会加载application.conf文件
    ActorSystem system = ActorSystem.create("AkkaRemoteClient",
ConfigFactory.load());

    // 2. 创建Actor
    ActorRef client = system.actorOf(Props.create(ClientActor.class));

    // 3. 发送消息
    client.tell("DoCalcs", ActorRef.noSender());
    System.out.println("over");
  }
```

然后当客户端启动后，服务端会输出如下：

```
[INFO] [09/27/2019 15:46:02.648] [AkkaRemoteServer-akka.actor.
default-dispatcher-15] [akka://AkkaRemoteServer/user/CalculatorActor]
onReceive(example.akka.remote.shared.Messages$Sum@7f9009a8)
[INFO] [09/27/2019 15:46:02.648] [AkkaRemoteServer-akka.actor.default-
dispatcher-15] [akka://AkkaRemoteServer/user/CalculatorActor] got a Sum
message
```

由以上输出可知，服务端已经接收到客户端的请求。接着对应客户端会输出如下：

```
ActorSelection[Anchor(akka.tcp://AkkaRemoteServer@127.0.0.1:2552/), Path(/
user/CalculatorActor)]
[INFO] [09/27/2019 15:46:02.533] [AkkaRemoteClient-akka.actor.default-
dispatcher-4] [akka://AkkaRemoteClient/user/$a] Got a calc job, local
calculator
[INFO] [09/27/2019 15:46:02.655] [AkkaRemoteClient-akka.actor.default-
dispatcher-4] [akka://AkkaRemoteClient/user/$a] Got result back from
calculator: 3
```

由以上输出结果可知，客户端已经拿到了服务端返回的计算结果。

总结一下，Akka 中每个 Actor 都有自己的地址，可以是本地的，也可以是远程的，对于远程的 Actor，只需要将其地址配置好，就可以像本地 Actor 一样使用了。

8.5 高性能分布式消息框架——Apache RocketMQ

8.5.1 Apache RocketMQ 概述

在早期阶段，阿里巴巴基于 ActiveMQ 5.x（低于 5.3）构建了自己内部使用的分布式消息传递中间件，用于跨国公司甚至交易过程中，也将其用于异步通信、搜索、社交网络活动流中。但是随着阿里巴巴业务吞吐量的不断增加，消息传递集群的压力也越来越大。

随着使用越来越多的消息队列（queue）和虚拟主题（topic），ActiveMQ IO 的模块遇到了瓶颈。虽然试图通过节流（throttling）、断路器（circuit breaker）或降级（degradation）来解决此问题，但效果不佳。因此，那时比较流行的消息传递解决方案 Kafka 得到了关注。但是可惜，Kafka 并不能满足阿里巴巴的环境要求，特别是在低延迟和高可靠性方面。

在这种背景下，阿里巴巴决定发明一个新的消息传递引擎来处理更广泛的场景，用于解决从传统的发布 / 订阅方案到大批量实时零损失容忍的交易系统。阿里巴巴认为此解决方案可能会对业界有益的，因此向社区开放了它。如今已有 100 多家公司在其业务中使用 RocketMQ 的开源版本。

Apache RocketMQ 是一个分布式消息传递和流数据的平台，其具有低延迟、高性能和可靠性、万亿级容量和灵活的可伸缩性，一般用户系统间异步解耦与削峰填谷。

RocketMQ 具有多种功能：

- 发布 / 订阅消息传递模型
- 定时消息发送

- 按时间或偏移量追溯消息

- 日志中心流

- 大数据整合

- 可靠的 FIFO 消息队列和在同一队列中保证严格的有序消息传递

- 高效的推拉消费模型

- 单个队列中的百万级消息累积容量

- 多种消息传递协议，例如 JMS 和 OpenMessaging

- 灵活的分布式横向扩展部署架构

- 快速的批量消息交换系统

- 各种消息过滤器机制，例如 SQL 和 Tag

- 用于隔离测试和云隔离群集的 Docker 映像

- 功能丰富的管理仪表板，用于配置、指标和监视

- 访问控制列表

- 信息追踪

下面概要看下 RocketMQ 的部署架构，如图 8-20 所示。

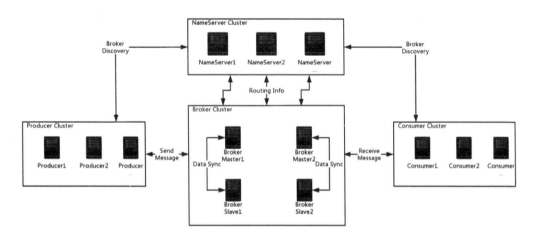

图 8-20　RocketMQ 部署架构图

RocketMQ 主要由 4 部分组成，分别为 NameServer 集群、Broker 集群、Producer 集群和 Consumer 集群。每部分都可以进行水平扩展，而不会出现单点问题，其中：

- NameServer 集群：名称服务集群，提供轻量级的服务发现与路由服务，每个名称服务器记录了全部 Broker 的路由信息，并且提供相应的读写服务，支持快速存储扩展。

- Broker 集群：Broker 集群，Broker 通过提供轻量级的主题和队列机制来维护消息存储。它支持推和拉两种模型，包含容错机制（2 个副本或 3 个副本），并提供了强大的平滑峰值，提供积累数以亿计的消息并保证其在原始时间顺序的被消费能力。此外，Broker 也提供灾难恢复、丰富的度量统计和警报机制，所有这些能力在传统的消息传递系统里都是没有的。

- Producer 集群：生产者集群，提供分布式部署，分布式的生产者发送消息到 Broker 集群，具体选择哪一个 Broker 机器是通过一定的负载均衡策略来决定的，发送消息中支持故障快速恢复，并且具有较低的延迟。

- Consumer 集群：消费者集群，消费者在推和拉模型中支持分布式部署。它还支持集群消费和消息广播。它提供实时消息订阅机制，可以满足大多数消费者的需求。

Broker 在启动时会去连接 NameServer，然后将 topic 信息注册到 NameServer，NameServer 维护了所有 topic 的信息和对应的 Broker 路由信息。Broker 与 NameServer 之间是有心跳检查的，NameServer 发现 Broker 挂了后，会从注册信息里面删除该 Broker，这类似 Zookeeper 实现的服务注册；Producer 则需要配置 NameServer 的地址，然后定时从 NameServer 获取对应 topic 的路由信息（这个 topic 的消息应该路由到那个 Broker）。

同时 Producer 与 NameServer、Proudcer 与 Broker 有心跳检查；同样，Consumer 需要配置 NameServer 的地址，然后定时从 NameServer 获取对应 topic 的路由信息（应该从那个 Broker 的消息队列获取消息）。同时 Consumer 与 NameServer、Consumer 与 Broker 有心跳检查。

8.5.2 基于 Apache RocketMQ 实现系统间异步解耦

本节基于 Apache RocketMQ 来实现系统间异步解耦，采用的是 RocketMQ 4.5.2 版本。首先需要基于源码编译生成 NameServer 与 Broker 的服务器，然后创建发消息的 RocketMQ 客户端，以及消费消息的消费服务器。

1）到 Apache RocketMQ 的 GitHub 地址（https://github.com/apache/rocketmq/）下载其源码，然后使用下面命令对源码进行编译：mvn -Prelease-all -DskipTests clean install -U。看到如下信息说明编译成功了。

```
[INFO] ------------------------------------------------------------
[INFO] Reactor Summary:
[INFO]
[INFO] Apache RocketMQ 4.5.2 ............................... SUCCESS [ 6.704 s]
[INFO] rocketmq-logging 4.5.2 ............................. SUCCESS [ 2.480 s]
[INFO] rocketmq-remoting 4.5.2 ............................ SUCCESS [ 1.949 s]
[INFO] rocketmq-common 4.5.2 .............................. SUCCESS [ 2.719 s]
[INFO] rocketmq-client 4.5.2 ............................. SUCCESS [ 3.353 s]
[INFO] rocketmq-store 4.5.2 .............................. SUCCESS [ 2.099 s]
[INFO] rocketmq-srvutil 4.5.2 ............................ SUCCESS [ 0.300 s]
[INFO] rocketmq-filter 4.5.2 ............................. SUCCESS [ 0.833 s]
[INFO] rocketmq-acl 4.5.2 ................................ SUCCESS [ 0.753 s]
[INFO] rocketmq-broker 4.5.2 ............................. SUCCESS [ 2.312 s]
[INFO] rocketmq-tools 4.5.2 .............................. SUCCESS [ 1.284 s]

[INFO] rocketmq-namesrv 4.5.2 ............................ SUCCESS [ 0.603 s]
#!/bin/sh
[INFO] rocketmq-logappender 4.5.2 ........................ SUCCESS [ 0.581 s]
[INFO] rocketmq-openmessaging 4.5.2 ...................... SUCCESS [ 0.674 s]
[INFO] rocketmq-example 4.5.2 ............................ SUCCESS [ 0.706 s]
[INFO] rocketmq-test 4.5.2 ............................... SUCCESS [ 1.422 s]
[INFO] rocketmq-distribution 4.5.2 ....................... SUCCESS [ 22.497 s]
[INFO] ------------------------------------------------------------
[INFO] BUILD SUCCESS
[INFO] ------------------------------------------------------------
[INFO] Total time: 51.467 s
[INFO] Finished at: 2019-09-29T17:39:04+08:00
```

2）进入源码根目录的 distribution/target 目录会发现 rocketmq-4.5.2.tar.gz 文件，解压后进入其 bin 目录如下：

```
admindeMacBook-Pro :: rocketmq-4.5.2/rocketmq-4.5.2/bin <master> » ls
README.md       dledger         mqbroker.cmd        mqbroker.numanode3 mqshutdown.cmd    play.sh      runserver.sh    tools.sh
cachedog.sh     mqadmin         mqbroker.numanode0  mqnamesrv          nohup.out         runbroker.cmd setcache.sh
cleancache.sh   mqadmin.cmd     mqbroker.numanode1  mqnamesrv.cmd      os.sh             runbroker.sh  startfsrv.sh
cleancache.v1.sh mqbroker       mqbroker.numanode2  mqshutdown        play.cmd          runserver.cmd tools.cmd
```

3）runserver.sh 和 runbroker.sh 文件里的 Java_home 修改为本地 jdk 路径，如下：

4）在 bin 目录下运行 nohup sh mqnamesrv & 启动 NameServer，然后通过 tail -f nohup.out 查看结果：

由上可知，NameServer 已经启动了，默认 NameServer 在端口 9876 监听服务。

5）在 bin 目录下运行 nohup sh mqbroker -n localhost:9876 & 启动 Broker，然后通过 tail -f nohup.out 查看结果：

可知 Broker 已经启动，并且已经连接到了 NameServer。

下面我们搭建消息发送者与接收者服务，要使用 Apache RocketMQ 发送与接收消息，首先需要引入其二方包：

```
<dependency>
    <groupId>org.apache.rocketmq</groupId>
    <artifactId>rocketmq-client</artifactId>
    <version>4.5.2</version>
</dependency>
```

然后看消息消费者代码：

```
public class Consumer {

    public static void main(String[] args) throws InterruptedException,
MQClientException {

        // 1. 创建消费实例和配置ns地址
        DefaultMQPushConsumer consumer = new DefaultMQPushConsumer("my-
consumer-group");
        consumer.setNamesrvAddr("127.0.0.1:9876");

        // 2. 消费属性配置
        consumer.setConsumeFromWhere(ConsumeFromWhere.CONSUME_FROM_FIRST_OFFSET);

        // 3. 订阅TopicTest topic下所有tag
        consumer.subscribe("TopicTest", "*");
        // 4. 注册回调
        consumer.registerMessageListener(new MessageListenerConcurrently() {
```

```
        @Override
        public ConsumeConcurrentlyStatus consumeMessage(List<MessageExt>
msgs, ConsumeConcurrentlyContext context) {
            for (MessageExt msg : msgs) {
                String body = "";
                try {
                    body = new String(msg.getBody(), RemotingHelper.
DEFAULT_CHARSET);
                } catch (UnsupportedEncodingException e) {
                    e.printStackTrace();
                }
                System.out.printf("%s Receive New Messages: %s %s %n",
Thread.currentThread().getName(),
                        msg.getMsgId(), body);
            }
            return ConsumeConcurrentlyStatus.CONSUME_SUCCESS;
        }
    });

    // 5.启动消费实例
    consumer.start();
    System.out.printf("Consumer Started.%n");
    }
}
```

代码 1 首先创建了一个消费实例，这里实例名称为 "my-consumer-group"，需要注意，同一个消费集群的每台机器中的实例名称要一样。然后设置了 NameServer 的地址为 127.0.0.1:9876。

代码 2 设置消费实例从第一个消息的偏移量开始消费，代码 3 设置订阅需要消息的主题为 "TopicTest"，这里第二个参数 "*" 是说订阅 "TopicTest" 主题下的所有 Tag。

代码 4 设置回调，也就是当主题 "TopicTest" 下有消息需要消费的时候如何对消息进行处理，代码 5 启动消费实例，然后实例就会去连接 NameServer 获取 Broker 的地址，并与 Broker 进行连接。

下面看消息发送端代码，具体如下所示：

```
public class ProducerSync {
    public static void main(String[] args) throws MQClientException,
```

```
InterruptedException {

    // 1. 创建生产者实例
    DefaultMQProducer producer = new DefaultMQProducer("jiaduo-producer-group");
    // 2. 设置NameServer地址, 多个地址可以使用;分隔
    producer.setNamesrvAddr("127.0.0.1:9876");
    producer.setSendMsgTimeout(1000);
    // 3. 启动生产者
    producer.start();

    // 4. 发送消息
    for (int i = 0; i < 10; i++) {
        try {

            // 4.1 创建消息体, topic为TopicTest, tag为TagA
            Message msg = new Message("TopicTest" /* Topic */, "TagA" /*
Tag */,("Hello RocketMQ " + i).getBytes(RemotingHelper.DEFAULT_CHARSET) /*
Message body */ );

            // 4.2 发送消息
            SendResult sendResult = producer.send(msg);
            // 4.3
            System.out.printf("%s%n", sendResult);
        } catch (Exception e) {
            e.printStackTrace();
        }
    }

    // 5. 关闭
    producer.shutdown();
    }
}
```

代码 1 创建了一个生产者实例，并设置实例名称为 "my-producer-group"，需要注意，同一个生产者集群实例中的实例名称要一致。

代码 2 设置 NameServer 地址为 127.0.0.1:9876，代码 3 启动生产者实例，然后实例就会去连接 NameServer 并获取 Broker 的地址，然后生产者实例就会与 Broker 建立连接。

代码 4 循环发送消息。代码 4.1 创建 Message 消息实体，其中第一个参数为主题名

称，这里为 TopicTest；第二个参数为 Tag 类型，这里为 TagA；第三个参数为消息体内容，是个二进制数据。代码 4.2 调用生产者实例的 send 方法同步发送消息，需要注意，这里同步意味着当消息同步通过底层网络通信投递到 TCP 发送 buffer 后才会返回，整个过程中需要阻塞调用线程。代码 4.3 在消息发送成功后打印返回结果。

代码 5 关闭生产者实例。

运行上面创建的消费者实例和生产者实例后，生产者这边会输出如下内容：

```
SendResult [sendStatus=SEND_OK, msgId=1E0A4BDB66364E25154F94926E790001,
offsetMsgId=1E0A4BDB00002A9F0000000000002324, messageQueue=MessageQueue
[topic=TopicTest, brokerName=admindeMacBook-Pro.local, queueId=3],
queueOffset=11]
...
```

这说明消息已经成功投递到 Broker 了，并且消息 id 为 1E0A4BDB66324E25154F948F6D400001。

然后消费者这边会输出如下内容：

```
ConsumeMessageThread_2 Receive New Messages: 1E0A4BDB66364E25154F94926E790001
Hello RocketMQ 1
...
```

而这说明消费端从 Broker 收到了生产者发送的消息。

由以上可知，通过 Broker 让生产者集群与消费者集群之间实现了异步解耦，但是上面生产者发送消息使用的是同步发送方式，其线程模型如图 8-21 所示。调用线程调用 RocketmqClient 的 send 方法发送消息后，其内部会首先创建一个 ResponseFuture 对象，并切换到 IO 线程把请求发送到 Broker，接着调用线程会调用 ResponseFuture 的 wait 方法阻塞调用线程，等 IO 线程把请求写入 TCP 发送 Buffer 后，IO 线程会设置 ResponseFuture 对象说请求已经完成，然后调用线程就会从 wait 方法返回。需要注意的是，RocketMQ 返回成功是指已经把请求发送到了其 TCP 发送 Buffer 中，这时候请求还没到 Broker。

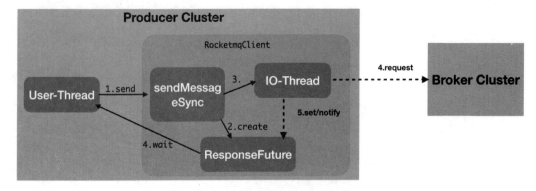

图 8-21 同步发送消息流程图

其实 RocketMQ 也提供了异步发送消息方式，这种方式下发送消息后调用线程会马上返回，然后等发送成功后会回调用户注册的监听器。异步发送消息代码如下：

```java
public class ProducerAsync {
    public static void main(String[] args) throws MQClientException,
InterruptedException {

        // 1. 创建生产者实例
         DefaultMQProducer producer = new DefaultMQProducer("jiaduo-producer-
group");
        // 2. 设置NameServer地址，多个可以使用;分隔
        producer.setNamesrvAddr("127.0.0.1:9876");
        producer.setSendMsgTimeout(1000);
        producer.setRetryTimesWhenSendAsyncFailed(0);
        // 3. 启动生产者
        producer.start();

        // 4. 发送消息
        for (int i = 0; i < 20; i++) {
            try {

                // 4.1 创建消息体,topic为TopicTest,tag为TagA
                Message msg = new Message("TopicTest" /* Topic */, "TagA"
/* Tag */, i + "",("Hello RocketMQ " + i).getBytes(RemotingHelper.DEFAULT_
CHARSET) /* Message body */);

                // 4.2 异步发送消息
                producer.send(msg, new SendCallback() {

                    @Override
```

```
                    public void onSuccess(SendResult sendResult) {
                        System.out.printf("onSuccess:%s%n", sendResult);

                    }

                    @Override
                    public void onException(Throwable e) {
                        System.out.printf("onException:%s%n", e);
                    }
                });
                // 4.3
                Thread.sleep(500);
            } catch (Exception e) {
                e.printStackTrace();
            }
        }

        // 5. 关闭
        // Thread.sleep(100000);
        producer.shutdown();
    }
}
```

如上代码 4.3 在发送消息的同时设置了一个 CallBack，调用该方法后，该方法会马上返回，然后等真的把消息投递到 Broker 后，底层 IO 线程会回调设置的 Callback 来通知，消息已经发送成功或者消息发送失败的原因，这时候其线程模型如图 8-22 所示。

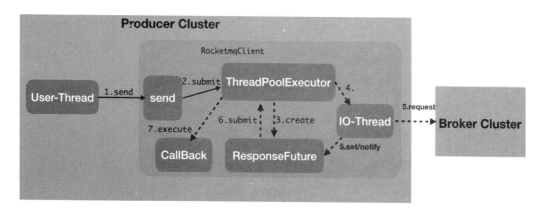

图 8-22　异步发送消息流程图

如上当调用线程调用带 CallBack 的 send 方法后，RocketMQ 客户端内部把请求提交到线程池后就返回了。消息发送任务会被在线程池内异步执行，异步发送任务内首先会创建一个 ResponseFuture 对象，然后切换到 IO 线程来具体发送请求，等 IO 线程将请求发送到 TCP 发送 Buffer 后，IO 线程会设置 ResponseFuture 对象的值，然后 ResponseFuture 中保存的 CallBack 的执行切换到线程池来执行。可知使用异步发送消息方式调用线程不会被阻塞。

8.6　总结

本章我们概要介绍了一些高性能异步编程框架和中间件，供大家拓展知识使用。如果大家对某个组件感兴趣，可以深入进行研究。

第 9 章 Chapter 9

Go 语言的异步编程能力

本章主要讲解 Go 语言的异步编程能力，这包含 Go 语言的线程模型，以及如何使用原语 goroutine 与 channel 实现异步编程，最后基于 goroutine 与 channel 构建了一个支持回压、异步编程的管道。

9.1 Go 语言概述

传统的编程模型，比如经常使用 Java、C++、Python 编程时，多线程之间需要通过共享内存（比如在堆上创建的共享变量）来通信。这时为保证线程安全，多线程共享的数据结构需要使用锁来保护，多线程访问共享数据结构时需要竞争获取锁，只有获取到锁的线程才可以存取共享数据。

Go 中不仅在语言层面提供了这种低级并发同步原语——锁，比如互斥锁、读写锁、条件变量等，而且 Go 的并发原语——goroutine 和 channel 提供了一种优雅而独特的结构化开发并发软件的方式。Go 鼓励使用 channel 在 goroutine 之间传递对共享数据的引用，而不是明确地使用锁来保护对共享数据的访问。这种方法确保在给定时间只有一个 goroutine 可以访问共享数据。这个理念被总结为：不要通过共享内存来通信，而要通过通信来共享内存。

Go 中并发模型采用了通道，体现为 CSP 的一个变种。之所以选择 CSP，一方面是因为 Google 的开发工程师对它的熟悉程度，另一方面因为 CSP 具有一种无须对其模型做任何深入的改变就能轻易添加到过程性编程模型中的特性。

在其他语言，比如 Java 中线程模型的实现是一个操作系统内核线程对应着一个使用 new Thread 创建的线程，而由于操作系统线程个数是有限制的，所以限制了创建线程的个数。另外，当线程执行阻塞操作时，线程要从用户态切换到内核态执行，这个开销是比较大的；而在 Go 中线程模型则是一个操作系统线程对应多个 goroutine，用户可以创建的 goroutine 个数只受内存大小限制，而且上下文切换发生在用户态，切换速度比较快，并且开销比较小，所以 Go 中一台机器可以创建百万个 goroutine。

在 Java 中编写并发程序时需要在操作系统线程层面进行考虑，但是在 Go 中，不需要考虑操作系统线程，而是需要站在 goroutine 和通道上进行思考，当然有时候也会在共享内存上进行思考。

在 Go 中只需要在要异步执行的方法前面加上 go 关键字，就可以让方法与主 goroutine 并发运行。另外结合 goroutine 和 channel，可以方便地实现异步非阻塞回压功能。

9.2　Go 语言的线程模型

线程的并发执行是由操作系统来进行调度的，操作系统一般都在内核提供对线程的支持。而我们在使用高级语言编写程序时创建的线程是用户线程，那么用户线程与内核线程是什么关系呢？其实下面将要讲解的 3 种线程模型就是根据用户线程与内核线程关系的不同而划分的。

9.2.1　一对一模型

这种线程模型下用户线程与内核线程是一一对应的，当从程序入口点（比如 main

函数）启动后，操作系统就创建了一个进程。这个 main 函数所在的线程就是主线程。在 main 函数内当我们使用高级语言创建一个用户线程的时候，其实对应创建了一个内核线程，如图 9-1 所示。

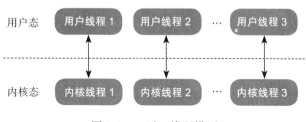

图 9-1　一对一线程模型

这种线程模型的优点是，在多处理器上多个线程可以真正实现并行运行，并且当一个线程由于网络 IO 等原因被阻塞时，其他线程不受影响。

缺点是由于一般操作系统会限制内核线程的个数，所以用户线程的个数会受到限制。另外由于用户线程与系统线程一一对应，当用户线程比如执行 IO 操作（执行系统调用）时，需要从用户态的用户程序执行切换到内核态执行内核操作，然后等执行完毕后又会从内核态切换到用户态执行用户程序，而这个切换操作开销是比较大的。

另外这里提下，Java 的线程模型就是使用的这种一对一的模型，所以 Java 中多线程对共享变量使用锁同步时会导致获取锁失败的线程进行上下文切换，而 JUC 包提供的无锁 CAS 操作则不会产生上下文切换。

9.2.2　多对一模型

多对一模型是指多个用户线程对应一个内核线程，同时同一个用户线程只能对应一个内核线程，这时候对应同一个内核线程的多个用户线程的上下文切换是由用户态的运行时线程库来做的，而不是由操作系统调度系统来做的，其模型如图 9-2 所示。

这种模型的好处是由于上下文切换在用户态，因而切换速度很快，开销很小；另外，可创建的用户线程的数量可以很多，只受内存大小限制。

这种模型由于多个用户线程对应一个内核线程，当该内核线程对应的一个用户线程被阻塞挂起时，该内核线程对应的其他用户线程也不能运行，因为这时候内核线程已经被阻塞挂起了。另外这种模型并不能很好地利用多核 CPU 进行并发运行。

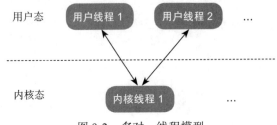

图 9-2　多对一线程模型

9.2.3　多对多模型

多对多模型则结合一对一和多对一模型的特点，让大量的用户线程对应少数几个内核线程，其模型如图 9-3 所示。

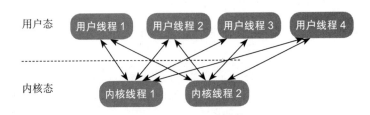

图 9-3　多对多线程模型

这时候每个内核线程对应多个用户线程，每个用户线程又可以对应多个内核线程，当一个用户线程阻塞后，其对应的当前内核线程会被阻塞，但是被阻塞的内核线程对应的其他用户线程可以切换到其他内核线程上继续运行，所以多对多模型是可以充分利用多核 CPU 提升运行效能的。

另外多对多模型也对用户线程个数没有限制，理论上只要内存够用可以无限创建。

9.2.4　Go 语言的线程模型

Go 线程模型属于多对多线程模型，其模型如图 9-4 所示。

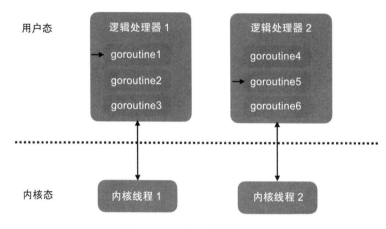

图 9-4　Go 语言线程模型

Go 中使用 Go 语句创建的 goroutine 可以认为是轻量级的用户线程。Go 线程模型包含 3 个概念：内核线程（M）、goroutine（G）和逻辑处理器（P）。在 Go 中每个逻辑处理器（P）会绑定到某一个内核线程上，每个逻辑处理器（P）内有一个本地队列，用来存放 Go 运行时分配的 goroutine。在上面介绍的多对多线程模型中是操作系统调度线程在物理 CPU 上运行，在 Go 中则是 Go 的运行时调度 goroutine 在逻辑处理器（P）上运行。

在 Go 中存在两级调度，一级是操作系统的调度系统，该调度系统调度逻辑处理器占用 CPU 时间片运行；一级是 Go 的运行时调度系统，该调度系统调度某个 goroutine 在逻辑处理上运行。

使用 Go 语句创建一个 goroutine 后，创建的 goroutine 会被放入 Go 运行时调度器的全局运行队列中，然后 Go 运行时调度器会把全局队列中的 goroutine 分配给不同的逻辑处理器（P），分配的 goroutine 会被放到逻辑处理器（P）的本地队列中，当本地队列中某个 goroutine 就绪后，待分配到时间片后就可以在逻辑处理器上运行了，如图 9-4 中 goroutine1 当前正在占用逻辑处理器 1 运行。

需要注意的是，为了避免某些 goroutine 出现饥饿现象，被分配到某一个逻辑处理器（P）上的多个 goroutine 是分时在该逻辑处理器上运行的，而不是独占运行直到结束。

goroutine 内部实现与在多个操作系统线程（OS 线程）之间复用的协程（coroutine）一样。如果一个 goroutine 阻塞 OS 线程，例如等待输入，则该 OS 线程对应的逻辑处理器（P）中的其他 goroutine 将迁移到其他 OS 线程，以便它们继续运行。

图 9-5 左侧假设 goroutine1 在执行文件读取操作，则 goroutine1 会导致内核线程 1 阻塞，这时候 Go 运行时调度器会把 goroutine1 所在的逻辑处理器 1 迁移到其他内核线程上（这里是内核线程 2 上），这时候逻辑处理器 1 上的 goroutine2 和 goroutine3 就不会受 goroutine1 的影响了。等 goroutine1 文件读取操作完成后，goroutine1 又会被 Go 运行时调度系统重新放入逻辑处理器 1 的本地队列。

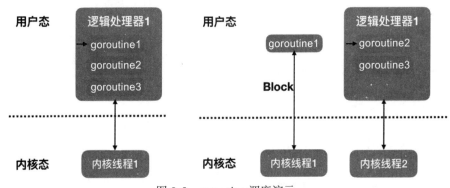

图 9-5　goroutine 调度演示

需要注意的是，Go 运行时内核线程 (M) 的数量默认是 10000 个，可以使用 runtime/debug 包里面的 debug.SetMaxThreads(10000) 来设置。

默认情况下，Go 给每个可用的物理处理器都分配一个逻辑处理器（P），如果需要修改逻辑处理器（P）个数，可以使用 runtime 包的 runtime.GOMAXPROCS 函数设置。

goroutine（G）的数量则是由用户程序自己来确定，理论上只要内存够大，可以无限制创建。

9.3　goroutine 与 channel

9.3.1　goroutine

在 Go 中，使用 go 关键字跟上一个函数，就创建了一个 goroutine，每个 goroutine 可以认为是一个轻量级的线程，其占用更少的堆栈空间，并且需要的堆栈空间大小可以随着程序的运行需要动态增加或者空闲回收。

goroutine 在 Go 中是最小的运行单位，当我们启动了一个 Go 程序后，运行 main 函数的就是一个 goroutine。

```
package main
import (
    "fmt"
    "sync"
)

var wg sync.WaitGroup

//goroutine1
func main() {
    defer fmt.Println("----main goroutine over---")

    wg.Add(1)
    go func() { //goroutine2
        fmt.Println("Im a goroutine")
        wg.Done()
    }()

    fmt.Println("----wait sub goroutine over---")
    wg.Wait()
    fmt.Println("----sub goroutine over---")

}
```

如上代码，我们在 main 函数内使用 go 关键字创建了一个 goroutine 来运行匿名函数（注意，不要忘记添加 ()），创建后的这个 goroutine 会与 main 函数所在的 goroutine 使用相同的地址空间（类似于 C 语言中调用 fork 创建子线程），并发运行，而不是串行的。

我们也可以先创建一个函数，然后使用 go 关键字带上函数名就可以开启一个新 goroutine 来运行这个函数。如下代码创建了函数 printFunc，然后使用 go printFunc() 开启新的 goroutine 来启动该函数：

```
package main

import (
    "fmt"
    "sync"
)

var wg sync.WaitGroup

func printFunc() {
    fmt.Println("Im a goroutine")
    wg.Done()
}

func main() {

    defer fmt.Println("----main goroutine over---")

    wg.Add(1)
    go printFunc()//goroutine2

    fmt.Println("----wait sub goroutine over---")
    wg.Wait()
    fmt.Println("----sub goroutine over---")
}
```

需要注意的是，在 Go 中整个进程的生命周期是与 main 函数所在 goroutine 一致的，只要 main 函数所在 goroutine 结束，整个进程也就结束了，而不管是否还有其他 goroutine 在运行：

```
var wg sync.WaitGroup
func main() {
    defer fmt.Println("----main goroutine over---")

    wg.Add(1)
    go func() { //
        fmt.Println("Im a goroutine")
        wg.Done()
```

```
            //无限循环
            for{
                fmt.Println("---sub goroutine---")
            }
        }()

        fmt.Println("----wait sub goroutine over---")
        wg.Wait()
        fmt.Println("----sub goroutine over---")
    }
```

以上代码，在使用 go 关键字创建的 goroutine 内新增了 for 无限循环打印输出，运行代码后会发现随着 main 函数所在 goroutine 销毁，进程就退出了，尽管新创建的 goroutine 还没运行完毕。这点与 Java 不同，在 Java 中存在 user 用户线程与 deamon 线程之分，当不存在用户线程时，JVM 进程就退出了（而不管 main 函数所在线程是否已经结束）。关于 Java 并发的深入学习，大家可以参考《Java 并发编程之美》一书。

为了让一个运行中的 goroutine 停止，可以让其在一个 channel 上监听停止信号，代码如下：

```
package main

import (
    "fmt"
    "time"
)

func main() {

    //1
    quit := make(chan struct{})
    //2
    go func() {
        for {
            //2.1
            select {
            case <-quit: //2.1.1
                fmt.Println("sub goroutine is over")
                return
            default: //2.1.2
```

```
            //dosomthing
            time.Sleep(time.Second)
            fmt.Println("sub goroutine do somthing")

        }
    }

}()

//3.dosomthing
time.Sleep(time.Second * 3)

//4.关闭通道quit
fmt.Println("main gorutine start stop sub goroutine")
close(quit)

//5
time.Sleep(time.Second * 10)
fmt.Println("main gorutine is over")
}
```

在这段代码中：

- 代码 1 创建了一个无缓冲通道 quit 来做反向通知子线程停止。
- 代码 2 开启了一个 goroutine，该 goroutine 内使用了无限循环。内部代码 2.1 使用了 select 结构，其中第一个 case 是从通道 quit 内读取元素，由于 quit 通道一开始没有元素，所以这个 case 分支不会被执行，而是转向执行 default 分支。default 分支用来执行具体的业务，这里是休眠 1s 然后打印输出。这个 goroutine 的作用就是间隔 1s 执行打印输出，并且等 quit 通道内有元素时执行 return 退出当前 goroutine。
- 代码 4 关闭通道 quit，关闭通道 quit 后会向通道 quit 内写入一个零值元素，这里代码 3 先让主 goroutine 休眠 3s 是为了在关闭 quit 通道前让子 goroutine 有机会执行一些时间。
- 代码 4 关闭通道 quit 后，子 goroutine 内的 select 语句的第一个 case 就会从 quit 读取操作中返回，然后子 goroutine 就执行 return 退出了。

9.3.2　channel

本节来讲解有关 channel（通道）的知识，可以把通道理解为一个并发安全的队列，生产者 goroutine 可以向通道里放入元素，消费者 goroutine 可以从通道里获取元素。

从队列大小来看，通道可以分为有缓冲通道和无缓冲通道，无缓冲通道里最多有一个元素，有缓冲通道里面可以有很多元素。

另外，通道还是有方向的，如果一个通道只允许向里面放元素，但是不允许从里面取元素，则称之为单向的发送通道（向通道里写元素），例如 var ch chan <-int 声明了一个发送通道；如果一个通道只允许从里面获取元素，而不允许向其中写入元素，则称之为接收通道（从通道里读取元素），例如 var ch <-chan int 声明了一个接收通道；如果一个通道既可以从中读取元素，又可以向其中写入元素，则称之为双向通道，例如 var ch chan int 声明了一个双向通道。

另外通道是可以关闭的，当调用 close(ch) 关闭通道 ch 后，不能再向通道 ch 写入元素，但是可以从通道读取元素。

在 go 中创建一个无缓冲的通道可以使用下面两种方式：

```
var c chan int
c = make(chan int)
```

或者

```
c := make(chan int)
```

如上创建了一个 int 类型的无缓冲通道 c，其中第一种方式是先声明，然后再初始化；第二种是简短式声明和初始化一步完成，也是推荐的方式。

向通道 c 内写入获取读取元素可以使用 <- 符号，比如向通道 c 写入元素 12，用 c<-12；从通道 c 中读取元素可以使用 <-c，比如从通道读取一个元素到变量 w，用 w := <-c。当没有向通道内写入元素时，试图从通道内读取元素的 goroutine 会被阻塞；对应无缓冲通道，当试图向没有 goroutine 正在从通道读取元素的通道写入元素时，写入的 goroutine 会被阻塞。

需要注意的是，这里的 make 和 chan 都是内置的语言层面的关键字，当我们创建具体类型的通道时只需要替换 int 就可以了。

下面看个例子：

```
package main
import (
    "fmt"
    "sort"
)

var c chan int
var nums []int

func main() {
    //1.初始化通道
    c = make(chan int)

    nums = []int{5, 3, 7, 2, 9, 1, 6}
    //2.开启goroutine排序
    go func() {
        //2.1
        sort.Ints(nums)

        //2.2
        c <- 1

    }()

    //3.阻塞，直到通道内有元素
    <-c
    fmt.Println(nums)
}
```

- 如上首先创建了一个无缓冲通道 c 和一个切片 nums。
- 代码 2 开启了一个 goroutine1。
- 代码 3 企图从通道内读取一个元素，当通道内没有元素时，代码 3 所在的 goroutine 就会被阻塞，goroutine1 执行完毕代码 2.1 对元素排序后，会执行代码 2.2 向通道写入一元素，这时候代码 3 就会返回，然后打印排序后的切片内容。
- 这里我们使用无缓冲通道实现了之前使用 WaitGroup 来实现主 goroutine 等待子

goroutine 执行完毕的方式。

在 Go 中创建一个有缓冲的通道使用下面两种方式：

```
var c chan int
c = make(chan int, 1)
```

或者

```
    c := make(chan int, 1)
```

如上创建了一个 int 类型的缓冲队列为 1 通道 c，其中第一种方式是先声明，然后再初始化；第二种是简短式声明和初始化一步完成，也是推荐的方式。

有缓冲通道当缓冲有空间时，向里面放入元素会马上返回，当缓冲满之后，再放入元素调用 goroutine 会被阻塞；当通道内没有元素时，尝试从通道获取元素会被阻塞。

下面看一个使用有缓冲通道实现生产消费模型：

```
package main

import (
    "fmt"
)

func printer(ch <-chan int, wg chan<- int) {
    //3.1
    for i := range ch {
        fmt.Println(i)
    }
    //3.2
    wg <- 1
    close(wg)
}

func main() {

    //1.创建缓冲通道
    ch := make(chan int, 10)

    //2.创建同步用的无缓冲通道
    wg := make(chan int)
```

```
//3.开启goroutine
go printer(ch, wg)

//4.写入到通道
for i := 1; i < 100; i++ {
    ch <- i
}

//5.关闭协程
close(ch)

fmt.Println("wait sub goroutine over")
//6.等待子goroutine结束
<-wg
fmt.Println("main goroutine over")
```

```
}
```

- 代码 1 创建一个含有 10 个 int 类型的元素的有缓冲通道 ch，代码 2 创建了一个无缓冲通道 wg 用来做线程间同步。

- 代码 3 开启新 goroutine 执行函数 printer，其内部从通道 ch 读取元素，起初 ch 内没有元素，则当前 goroutine 会被阻塞。

- 代码 4 则向通道 ch 写入 100 个元素，当 ch 里面有元素时，新 goroutine 就会被激活，然后从通道里面迭代出元素进行打印。

- 代码 5 则当向 ch 写入 100 个元素后关闭通道，关闭后不能再向通道写入元素，但是通道内的元素还是会被读取的，代码 6 则试图从通道 wg 读取元素，起初通道内无元素，所以 main groutine 阻塞到这里。

- 等新 goroutine 代码 3.1 把通道 ch 里面元素全部迭代完毕后，执行代码 3.2 向通道 wg 写入一个元素然后关闭通道，这时候 main goroutine 会从代码 6 中返回。

Go 中以消息进行通信的方式允许程序员安全地协调多个并发任务，并且容易理解语义和控制流，这通常比其他语言（如 Java）中的回调函数（callback）或共享内存方式更优雅简单。

9.3.3　构建管道实现异步编程

Go 的并发原语使构建流式数据管道变得很容易，从而使 IO 操作和多核 CPU 更加有效。本节我们使用通道来实现一个管道（pipeline）来实现异步编程以及回压功能。

go 中并没有明确给出管道的定义，管道其实是很多并发编程中的一种模式，通俗来说，管道是由一系列节点组成，这些节点使用通道连接起来。其中每个节点是一组运行相同功能的 goroutine，在每个阶段 goroutine 从上游通道获取元素，然后对该数据执行某些操作，然后把操作后的结果再写入下游的通道。除了第一个和最后一个节点，每个节点可以有任意多个输入和输出通道，第一个节点有时候被称为数据源或者生产者，最后一个节点被称为数据终点或者消费者。

下面我们通过一个简单的含有 3 个节点的例子来解释管道技术，其功能如图 9-6 所示。

图 9-6　功能图

如下代码，第一个节点 gen 函数的作用是异步转换一个整数列表到一个通道，函数 gen 开启了一个 goroutine 异步发送整数到通道，当所有整数全部发送到通道后，关闭该通道，gen 函数本身会马上返回，并不会阻塞。

```
func gen(nums ...int) <-chan int {
    out := make(chan int)
    go func() {
        for _, n := range nums {
            out <- n
        }
        close(out)
    }()
    return out
}
```

如下代码，第二个节点 sq 函数异步从输入通道 in 接收数据，并且返回一个包含原始通道里面整数值平方的输出通道 out，等迭代完毕后，关闭输出通道 out。由于 sq 函数内接收元素操作是在异步 goroutine 内做的，所以该 sq 函数会马上返回。

```go
func sq(in <-chan int) <-chan int {
    out := make(chan int)
    go func() {
        for n := range in {
            out <- n * n
        }
        close(out)
    }()
    return out
}
```

如下 main 函数，其构建管道的最后一个节点，也就是从第二个节点接收元素并打印：

```go
func main() {
    // 构建管道
    c := gen(2, 3)// 第一个节点
    out := sq(c)//第二个节点

    //打印输出，第三个节点
    fmt.Println(<-out) // 4
    fmt.Println(<-out) // 9
}
```

由于函数 sq 的输出和输入通道具有的数据类型是一样的，所以可以任意组合 sq 多次，比如下面在管道上添加两个 sq 节点：

```go
func main() {

    // 构建管道
    c := gen(2, 3) // 第一个节点
    out := sq(c)    //第二个节点
    out = sq(out)   //第三个节点

    //打印输出，第四个节点
    fmt.Println(<-out) // 16
    fmt.Println(<-out) // 81
}
```

这时候管道图如图 9-7 所示。

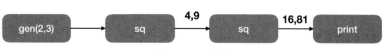

图 9-7　管道图

如果你对流式编程有经验的话，可能会发现管道和反应式库比如 RxJava 中的流式编程很相似。这里每个节点比如 sq、gen 都是异步非阻塞的方法，直接返回方法内创建的输出通道，然后方法内具体向输出通道内写入元素的快慢，取决于下一个节点从该通道内读取的快慢，这也类似于流式编程中的回压功能。

管道中的扇出操作是指多个函数可以从同一个通道里面读取元素，直到该通道被关闭了，这提供了一种把大任务分配给一组工作者以并发处理的方法，这充分利用了多核 CPU 和 IO。

另外一个函数可以从多个输入通道读取元素并进行处理，比如把读取的元素输出到一个通道，这称为"扇入操作"。

可以更改管道以运行两个 sq 实例，每个实例从相同的输入通道读取。在结果中引入一个新函数 merge，以便扇出数据到一个通道：

```go
func merge(cs ...<-chan int) <-chan int {
    var wg sync.WaitGroup
    out := make(chan int)//输出通道

    //创建一个函数，用来从输入通道写入元素到输入通道
    output := func(c <-chan int) {
        for n := range c {
            out <- n
        }
        wg.Done()
    }

    wg.Add(len(cs))//创建输入通道个数的信号量

    for _, c := range cs {//每个输入通道开启一goroutine向输出通道写入数据
        go output(c)
    }
```

```
//等待所有输入通道的数据全部写入到输出通道后，关闭输出通道
go func() {
    wg.Wait()
    close(out)
}()
return out
}
```

如上代码 merge 入参是多个输入通道，输出是一个输出通道，代码的作用是把多个输入通道内的元素合并到一个输出通道，如图 9-8 所示。注意，这图是为了展示效果，真实情况由于并发的存在，输出通道里元素的排列很可能不是 2，3，4，5 这个顺序。

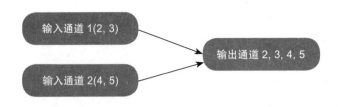

图 9-8 管道的扇出图

然后看下这时候 main 函数构造的管道：

```
func main() {
    in := gen(2, 3)//第一个节点

    //使用两个节点并发从第一个节点里处理元素
    c1 := sq(in)
    c2 := sq(in)

    // 合并c1,c2通道内容，并打印
    for n := range merge(c1, c2) {
        fmt.Println(n) // 4 ,9 or 9,4
    }
}
```

这时候管道图如图 9-9 所示，可知两个 sq 节点是并发处理的，另外这里 gen 到 sq 可以认为是扇出操作，sq 到 merge 可认为是扇入操作。由于两个 sq 是并发操作的，因而可能 4 先写入到 merge 的通道，也可能是 9，所以 print 打印时可能先打印 4 也可能先打印 9。

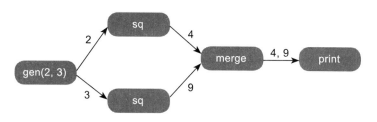

图 9-9　管道的扇入操作

由以上可知，借助 Go 中的并发原语 goroutine 与通道，可以非常方便地构建异步非阻塞、具有回压功能的程序。

9.4　总结

本章我们首先讲解了 Go 语言的线程模型，然后讲解了比较重要的并发原语 goroutine 与 channel，最后基于 goroutine 与 channel 构建了一个管道，并且通过例子体验了使用管道进行异步编程，以及回压功能的实现。

推荐阅读